Business-Buchreihe „WALHALLA Workbook"

Short Cuts
Methoden, Instrumente, Begriffe
für modernes Management
ISBN 978-3-8029-3991-4
von Frank Wippermann

Trend Tools
Zukunft entdecken, Perspektiven
finden, Chancen nutzen
ISBN 978-3-8029-3996-9
von Ralph Scheuss

Strategie Tools
Richtung geben, Vorsprung
sichern, Innovationen lancieren
ISBN 978-3-8029-3998-3
von Ralph Scheuss

Change Tools
Wandel bewirken, Super-Teams
gestalten, Engagement mobilisieren
ISBN 978-3-8029-3997-6
von Ralph Scheuss

Wir freuen uns über Ihr Interesse an diesem Buch. Gerne stellen wir Ihnen zusätzliche
Informationen zu diesem Programmsegment zur Verfügung.

Bitte sprechen Sie uns an:

E-Mail: WALHALLA@WALHALLA.de
http://www.WALHALLA.de

Walhalla Fachverlag, Haus an der Eisernen Brücke, 93042 Regensburg
Telefon: (09 41) 56 84-0, Telefax: (09 41) 56 84-111

Die Titel unseres Verlages sind auch als E-Book, im iBookstore oder für das iPad erhältlich.

Christian Hoffmeister

BUSINESS FICTION

Die Kunst der Strategie-Erzählung

Jedes Business braucht eine Zukunfts-Story

>>> Walhalla Workbook 🏛

Bibliografische Information Der Deutschen Nationalbibliothek

Die Deutsche Nationalbibliothek verzeichnet diese Publikation in der Deutschen National-
bibliografie; detaillierte bibliografische Daten sind im Internet über http://dnb.dnb.de abrufbar.

Zitiervorschlag:
Christian Hoffmeister, Business Fiction
Walhalla Fachverlag, Regensburg 2013

E-Book inklusive: Der Erwerb dieses Fachbuches umfasst den kostenlosen Download
des E-Books. Nähere Informationen dazu finden Sie am Ende des Buches.

WALHALLA Workbook
www.WALHALLA.de/Workbook

Umschlaggestaltung: grubergrafik, Augsburg
Printed in Germany
ISBN 978-3-8029-3867-2

WIN-WDZ-1212-040/15961-0

Schnellübersicht

Inhalt

Vorwort

von Dr. Alexander Rossmann

Die richtige Geschichte zur zukunftsweisenden Innovation

Für Unternehmen ist der Faktor Innovation von wesentlicher Bedeutung. Seit Schumpeters „Schöpferischer Zerstörung" gelten innovative Ideen als Quelle nachhaltiger Wettbewerbsvorteile. Wenn alles so bleiben soll, wie es ist, muss sich vieles verändern! Unternehmen müssen innovativ sein, um ihre Zukunftsfähigkeit auf Dauer zu erhalten. Dabei haben sich die Spielregeln fundamental verändert: Kunden sind heute wesentlich besser informiert, etablierte Branchengrenzen verlieren an Bedeutung und die Produktion sowie Verteilung von Information hat sich demokratisiert. Dies führt zu vielfältigen Chancen und Risiken.

Bewährte Geschäftsmodelle geraten zunehmend unter Druck und müssen sich neu erfinden. „Business as Usual" ohne Anpassung an veränderte Marktbedingungen ist heute die Ausnahme, Innovation und Wandel die Regel.

Die Entwicklung und Umsetzung von Innovationen ist ein zentraler Gegenstand der Managementforschung und -praxis. Zur Stimulierung von Innovationen liegen unterschiedliche und zum Teil widersprüchliche Erkenntnisse vor. Innovationen werden einerseits als Ergebnis einer umfangreichen Analyse und strategischen Planung konzeptualisiert. In diesem Sinne ist es in erster Linie wesentlich, die Gegebenheiten objektiv zu analysieren, um neue Geschäftschancen rational ableiten zu können. Alternative Konzepte betonen andererseits die Emergenz strategischer Innovationen aus der Selbstorganisation des Unternehmens. Eine zu starre Strategie und Planung kann sich daher sogar negativ auf die

Innovationskompetenz auswirken. Beide Perspektiven sind für ein umfassendes Verständnis des Innovationsprozesses in Unternehmen relevant.

Unternehmen bestehen im Kern aus Kommunikation. Im Spannungsfeld zwischen strategischer Planung und selbstreferentieller Emergenz spielen Geschichten eine bedeutende Rolle. Explizite Strategien oder Entscheidungen über Innovationsvorhaben sind als Ergebnis von Kommunikations- und Abstimmungsprozessen aufzufassen. Daher ist es wichtig, ob und wie in Unternehmen über Strategien und Innovationen gesprochen wird. Die Kommunikationsmuster manifestieren sich in der Unternehmenskultur, und diese bestimmt letztlich maßgeblich darüber, ob geeignete Ansätze für Innovationen gefunden werden und wie innovative Ideen in Unternehmen diffundieren. Deshalb sollten Unternehmen an der Förderung ihrer individuellen und kollektiven Kommunikationskompetenz interessiert sein.

Eine relevante Facette von Kommunikation thematisiert das vorliegende Buch. Das Konzept der Business Fiction erweist sich als sehr wirkungsvoll, wenn es darum geht, innovative Ansätze in Unternehmen zu finden und erfolgreich zu verbreiten. Auch in der Vergangenheit haben Geschichten den Dialog in Unternehmen dominiert. Eine „gute Story" verdeutlicht den Sinn von Entscheidungen und stimuliert Emotionalität und Vertrauen. Daher weisen Führungskräfte gerne auf Geschichten, um Entscheidungen in Unternehmen zu legitimieren. Der Kampf um Relevanz und Aufmerksamkeit hat sich allerdings dramatisch intensiviert, im Ergebnis werden die erforderlichen Entscheidungen häufig nicht getroffen. Aus Angst vor Fehlern und zu viel Information ist die überzeugende Story manchmal nicht ausreichend erkennbar oder zu schwach formuliert.

Christian Hoffmeister macht für genau solche Situationen deutlich, wie das eigene Denken zu stimulieren und Strategien abzuleiten sind. Darüber hinaus skizziert er anhand von sechs Prinzipien, wie die entsprechenden Inhalte als Geschichte zu formulieren sind. Beides ist eine wesentliche Voraussetzung, um selbst den Fokus im Dschungel alternativer Denkrichtungen zu bewahren und andere von der Sinnhaftigkeit strategischer Initiativen zu überzeugen. Die praktische Anleitung leistet einen wesentlichen Wertbeitrag und lässt sich spontan für eigene Geschichten verwenden. Zudem wird ein Teilbereich der Unternehmenspraxis beleuchtet, der in der klassischen Managementliteratur häufig außen vor bleibt. Das Konzept der Business Fiction wird zukünftig an Bedeutung gewinnen. Dem geneigten Leser wünsche ich viel Erfolg bei der Anwendung der dargestellten Prinzipien und der Formulierung eigener Geschichten.

St. Gallen   *Dr. Alexander Rossmann*

Business und Fiktion 1

Business und Fiktion

Zuerst dieses mysteriöse Gerede des Zimmernachbarn von dem Strand und dann am nächsten Morgen die vergilbte handgemalte Landkarte an der Türklinke seines Zimmers. Darauf eine Markierung, die den Weg weisen könnte. Richard ist elektrisiert: „Wo kann ich diesen Strand finden?", diese Frage geht ihm nicht mehr aus dem Kopf. Er ist schon lange auf der Suche nach dem Paradies, abseits der touristischen Trampelpfade, und dieser Strand scheint der gesuchte Fleck zu sein. Richard fasst den Entschluss, diese Reise zum Paradies, wo genau es sich auch immer befinden mag, anzutreten.

Um sich nicht alleine ins Abenteuer zu stürzen, begeistert er ein französisches Pärchen, ebenfalls Rucksack-Touristen wie Richard. Diese willigen letztlich ein und folgen Richard zum verheißungsvollen Strand.

Der kurz gefasste Einstieg in einen bekannten verfilmten Roman aus dem Jahr 1996 entspricht dem Konzept der strategischen Erzählung oder Business Fiction.

Es geht darum, andere davon zu überzeugen, dass ein Abenteuer angetreten werden muss.

Das exakte Ziel kann erst während der Reise bestimmt werden. Man hat zu Beginn nur eine vage Vorstellung, eine Ahnung.

Die Mitreisenden erkennen sich in diesem Abenteuer wieder und begeben sich mit dem Erzähler auf die Suche nach dem „Paradies".

Frage: Warum ist heute im Geschäftsleben eine dramatisch narrative Kommunikationskompetenz hilfreich und wichtig?

Antwort: Weil Fiktion in hohem Maße die Voraussetzung für erfolgreiches Business ist.[1] Es geht um die Herstellung eines zu-

---

[1] Siehe dazu u. a. Barry, David; Elmes, Michael (1997) sowie Westly, Frances; Mintzberg, Henry (1989). Beide Artikel beschäftigen sich mit fiktionalen und narrativen sowie dramatischen Strukturen des strategischen Managements.

künftig gewünschten Zustandes, der noch nicht existiert. Dieser Zustand muss erdacht, formuliert und vermittelt werden, damit daraus Handlung entsteht. Aus einer Idee wird zuerst eine Geschichte.

Die Bedeutung dieser Kommunikationskompetenz wächst, denn die Rahmengedingungen im Geschäftsleben haben sich deutlich verändert: Wer es versteht, Marken, Produkte, Unternehmensziele in überzeugende Geschichten zu verpacken, beflügelt die Vorstellungskraft anderer, erzielt schneller Zustimmung und ist erfolgreicher.

Will man sich die Veränderungen des Business-Lebens vor Augen führen, lohnt es sich, den Film „Das Geheimnis meines Erfolges" aus dem Jahr 1987 mit Michael J. Fox anzusehen:

Büros ohne Computer, handgemalte Grafiken an der Wand, Umsatzkurven gezeichnet auf Millimeterpapier, lange Meetings, bei denen der Vortragende Charts aus Pappe hochhält, entworfen in Grafikabteilungen. Die Zuhörer tauchen nicht in Smartphones, iPads oder Laptops ab, wechseln nicht zwischen Zuhören und Lesen von E-Mails, Nachrichten oder den minutenaktuellen Börsenkursen.

Entscheidungsprozesse laufen streng hierarchisch ab, in einem kleinen Führungszirkel, der top-down entscheidet.

Wie sehen die Rahmenbedingungen in Unternehmen 25 Jahre nach dem Erscheinen des Films aus?

1. Diskontinuitäten wachsen

Globalisierung und die rasend schnelle Weiterentwicklung und Nutzung neuer Informations- und Kommunikationstechnologien verändern Wettbewerbsstrukturen nachhaltig.

Die Deutsche Telekom ist auf einmal Wettbewerber von Videotheken (Videoload) und Taxizentralen (MyTaxi), ein Autohändler wird zum größten Konkurrenten regionaler Zeitungsverlage (mobile.de) und ein PC- und Software-Hersteller aus den USA verändert die Regeln des Handy-Marktes (Apple). Fast kein Unternehmen, fast keine Branche, die von den Veränderungen der Rahmenbedingungen aufgrund der technologischen Entwicklungen unberührt bleibt. Damit reichen Planungen, die davon ausgehen, dass der bisherige Verlauf sich um einige Prozentpunkte nach oben entwickelt, nicht mehr aus.

Gute Business-Erzählungen sind mehr als mathematische Berechnungen der Zukunft. Es sind viel mehr gedankliche Szenarien, welche die Zukunft erzählerisch gestalten.

2. Rezeption von Informationen verändert sich

Die Art der Informationsaufnahme hat sich infolge der Nutzung neuer Informations- und Kommunikationstechnologien bereits deutlich verändert: kürzer, schneller, geraffter. Dieser Prozess begann bereits mit dem massenhaften Konsum von Musikvideos, ausgelöst durch MTV. Unser Gehirn hat sich aber auch an schnellere Schnitte in Filmen gewöhnt: Wer sich heute einen Film aus den 1960er-Jahren anschaut, gewinnt den Eindruck, als würde die Zeit stehen bleiben. Filme heute sind schneller geschnitten und die Dauer einzelner Szenen hat sich deutlich verkürzt.

Die neuen Rezeptionsmuster haben dramatische Auswirkungen auf die Gestaltung und Vermittlung von Informationen im Rahmen von Strategiekommunikation. Galt Mitte der 1990er-Jahre noch die These der „5 Minuten pro Chart", so wird inzwischen gefordert, dass sich etwa alle eineinhalb Minuten etwas Visuelles für das Auditorium verändern sollte; eine japanische Präsentationsform (pecha-kucha) verlangt gar, dass pro Chart nur 20 Sekunden zur Verfügung stehen und maximal 20 Charts zum Einsatz kommen dürfen.

Präsentationen von Mark Zuckerberg oder Tim Cook bringen circa jede Minute einen neuen visuellen Ankerpunkt.

Rhythmus und Tempo von Erzählungen müssen heute anders sein: schneller und variabler, mit einem größeren Spektrum an faktischen und emotionalen Inhalten.

3. Informationen verlieren an Wert

Was für Zeitungen und Medienangebote zur Bedrohung des Business Models geworden ist, gilt auch für Unternehmen anderer Branchen. Informationen sind durch die neuen Technologien leichter zugänglich und verlieren dadurch an Wert. Früher wurden Fachinformationen hierarchisch verteilt; die Fachzeitschrift erhielt zuerst der CEO, dann der Bereichsleiter, ganz zum Schluss die Auszubildenden und studentischen Hilfskräfte.

Fachinformationen waren zudem schwer erhältlich und teuer, außerdem gab es nur eine sehr überschaubare Auswahl an Studien. Dies ist heute komplett anders, selbst spezifische Informationen sind für jeden leicht zugänglich. Zu fast jedem Thema gibt es zahlreiche Studien und Analysen, die im Internet zumeist kostenlos angeboten werden. Aber nicht nur die Auswahl ist vielfältig, auch die Aussagen sind alles andere als klar: Zu jedem Thema und zu jeder Fragestellung gibt es in vielen Fällen sich widersprechende Studien und Analysen.

Die bloße Informations- und Wissensvermittlung verliert an Wert und damit an Relevanz bei der Entwicklung überzeugender Erzählungen.

Business Fiction hilft Informationen zu selektieren, sie zu verknüpfen und ihnen eine Bedeutung zu geben.

4. Kampf um Aufmerksamkeit nimmt zu

Das Top-Management hat heute für erfassen und bearbeiten einzelner Themen immer weniger Zeit. Hinzu kommt, dass das Management ein breites und heterogenes, zum Teil nur schlecht strukturiertes Aufgabenspektrum bearbeiten muss.[2] Die Entscheidungsträger verfügen verständlicherweise nicht bei jedem Thema über ein großes fachliches Vorwissen und werden wenig Bereitschaft aufbringen, sich in die Themen stärker zu involvieren. Die Unsicherheit bei Entscheidungen nimmt zu und dadurch kommt es häufig zur Fokussierung auf bekannte und wenig risikoaffine Themen.

Business-Erzählungen verbessern die Aufmerksamkeit der Entscheidungsträger für innovative Themen und verankern diese im Gedächtnis der Stakeholder.

5. Adhocratien lösen Hierarchien ab

Die Adhocratie beschreibt den Umstand, dass immer häufiger für bestimmte Zwecke spontan (adhoc) Machtstrukturen (kratien) einbezogen werden.[3] Projekte werden über Hierarchieebenen und Vorstandsbereiche hinweg etabliert, die andere Entscheidungsprozesse und auch Entscheidungsträger haben, als es in der Linienstruktur üblich ist. Dies wirkt sich zweifach aus:

- Die Anzahl der Entscheidungsträger nimmt zu, weil auch das Top-Management weiterhin bei relevanten Entscheidungen einbezogen werden muss.

- Die Stakeholder haben, da mit sehr unterschiedlichem Fachwissen ausgestattet, eine differente Bereitschaft der Informationsaufnahme und Weiterverarbeitung.

---

[2] Müller-Stewens, Günter; Lechner, Christoph (1999): S. 9
[3] Der Begriff Adhocratie wurde 1970 von Alvin Toffler in dem Buch *Future Shock* geprägt und von Henry Mintzberg im Rahmen seiner Managementtheorie weiterentwickelt.

Die einen wollen schnell und effizient informiert und überzeugt werden, die anderen verlangen nach ausführlichem Wissen und überprüfen kritisch die gezogenen Schlussfolgerungen.

Business Fikitionen zielen auf unterschiedliche Zielgruppen in unterschiedlichen Positionen und mit unterschiedlichen Prädispositionen ab.

6. Informationsvermittlungs-Situationen sind variabler

Man wird spontan zum CEO gerufen, um seine Idee vorzustellen. Bei einem Projektleiter entsteht eine kurzfristige Terminlücke, die gefüllt werden muss. Es werden Stand-Up-Meetings gehalten. Termine finden beim Mittagessen statt. Es wird erwartet, ein Thema überall und andauernd in den unterschiedlichsten Varianten, aber immer überzeugend, zu vermitteln. Über Stunden gehaltene Präsentationen sind mehr und mehr die Ausnahme. Es geht darum, schnell und präzise die Ankerpunkte zu vermitteln. Dies hat zur Folge, dass man situations- und medienunabhängig agieren und präsentieren können muss. Die beste Powerpoint-Präsentation, der schönste Film, der zum Thema produziert wurde, die beste Infografik funktioniert nur in einem bestimmten situativen und medialen Kontext, doch dieser ist nicht immer gegeben.

Aufgrund dieser Veränderungen rücken die Themen Innovation und Gestaltung von Zukunft immer stärker in den Fokus des Managements und damit auch der fiktionale Aspekt von Strategieentwicklung.[4]

---

[4] Barry, David; Elmes, Michael (1997): S. 429

Strategie als Akt des fiktionalen Denkens

Unter Strategie verstehen viele Manager die zumeist langfristig geplanten Maßnahmen des Unternehmens für Geschäftsfelder sowie Produkte, die zur Erreichung möglichst genau definierter und operationalisierter Ziele führen.

So wird ein Plan entwickelt, der von anderen umgesetzt werden soll und als eine Art Handlungsanweisung verstanden wird. Die Planung ist ein analytischer und formaler Prozess, basierend auf Rationalität, Objektivität und mathematisch-statistischen Methoden.

Die Annahme der Planbarkeit steht im Mittelpunkt. Infolge der sich verändernden Rahmenbedingungen seit Mitte der 1980er-Jahre wird dies allerdings zunehmend kritisiert.

Seitdem rückt der konstruktivistische Ansatz der Strategieentwicklung immer stärker in den Fokus. Und damit auch der narrative und fiktionale Aspekt.

Ein sehr bekannter Vertreter dieses Blickwinkels ist der kanadische Professor Henry Mintzberg.[5]

Henry Mintzberg kritisiert Planungsabteilungen und -methoden als untauglich für die Strategieentwicklung, da Planung zu sehr auf die Analyse abzielt und zu wenig auf das synthetische Denken.

Strategisches Denken ist hingegen die Zusammenführung all des Wissens und der Erfahrungen von Managern mit Daten und Fakten aus Analysen. Strategie ist eine Idee für die Zukunft und wird aus den Mustern der Vergangenheit entworfen. Diese erdachte Idee wird zu einem bestimmten Zeitpunkt von einem sogenannten emergenten (= auftauchenden) Teil ergänzt. Gemeinsam bilden sie dann die tatsächlich realisierte Strategie. Dieser emergente Teil entsteht durch Umsetzungen von Innovationen und Anpassungen an Märkte und Rahmenbedingungen der Organisation bzw. des Unternehmens.

---

[5] vgl. Mintzberg, Henry (1994) und Mintzberg, Henry (1987)

Das Modell sieht schematisch so aus:

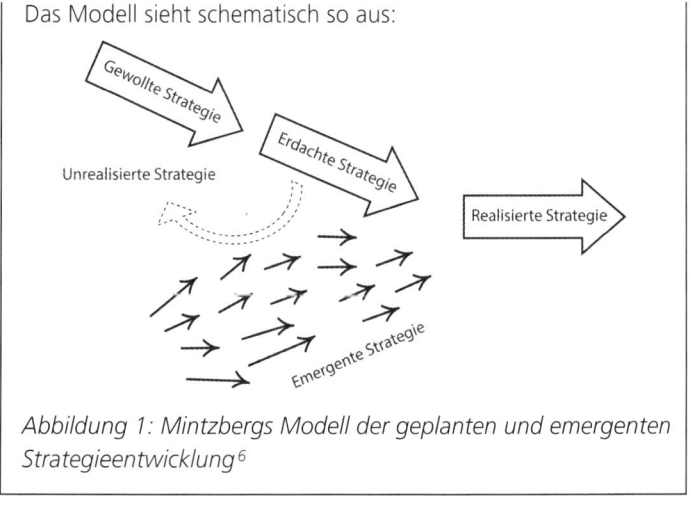

Abbildung 1: Mintzbergs Modell der geplanten und emergenten Strategieentwicklung[6]

Aber diese Veränderungen machen es zugleich schwerer, innovative strategische Themen zu finden und diese auch auf die strategische Agenda von Entscheidungsträgern zu bringen.

Durch die neuen Rahmenbedingungen wird es zudem wichtiger, in medienfreien und situationsunabhängigen Erzählungen zu denken, denn die lineare Vermittlungsform, auf definierten „Medien" wie Powerpoint, umfasst nicht alle Aspekte der Erzählung.

Um diese Problemstellungen geht es bei Business Fiktionen:

1. Wie lassen sich relevante strategische Themen finden und formulieren?

2. Wie können strategische Themen auf die Agenda der Entscheidungsträger gebracht werden?

3. Welche Inhalte in welcher Form werden benötigt, um medien- und situationsfrei überzeugen zu können?

---

[6] Mintzberg, H.; Ahlstrand, B.; Lampel, J. (1998): S. 12

Hierfür gibt es sechs Prinzipien, die das eigene strategische Denken fördern, die Fähigkeit, strategische Themen abzuleiten und zu formulieren, erhöhen und deren Verbreitung und Vermittlung verbessern.

Folgende Prinzipien werden eingesetzt:

Prinzip 1: Denke wie ein Autor

Prinzip 2: Fokussiere Konflikte

Prinzip 3: Grenze den Lösungsraum ein

Prinzip 4: Schaffe Wiedererkennung

Prinzip 5: Extrahiere Inhalte, die sich verbreiten

Prinzip 6: Entwerfe eine starke narrative Struktur und erzähle sie

Business Fiction nutzt Techniken des fiktionalen Erzählens, um Anschlussfähigkeit für strategische Themen zu erschaffen.

Um zu verstehen, wie gute fiktionale Erzählungen entwickelt werden und welche Elemente davon für Business-Erzählungen nutzbar sind, treten wir einen kurzen Ausflug nach Hollywood an.

Lernen von Hollywood 2

Lernen von Hollywood

Hollywood ist die „Geschichten-Fabrik". Aus Ideen werden dramatische Geschichten und Drehbücher, die Produzenten, Regisseure und Schauspieler überzeugen, die Geschichte zum Leben zu erwecken.

Aus einer Geschichte wird Papier, aus Papier wird ein Produkt. Und diese Produkte fesseln und faszinieren Menschen überall auf der Welt.

Um einen ähnlichen Ansatz geht es auch bei der Entwicklung strategischer Ideen und Themen im Business-Kontext:

Aus einer Idee wird Leben, aus einem Konzept wird Umsetzung, an der sich im Laufe der Implementierung vielfältige andere kreative und handwerkliche Kräfte beteiligen und die im Idealfall vom Top-Management unterstützt wird. Dabei ist es weniger wichtig, von Anfang an einen Masterplan präsentieren zu können – aber eine Idee, die zündet. Nicht das fertige Drehbuch, aber die Geschichte ist entscheidend.

Um von Hollywood die Kunst des Erzählens fesselnder Geschichten zu lernen lohnt es sich, einige Modelle der fiktionalen Erzählung sowie die Inhalte anzuschauen, mit denen diese befüllt werden können.

Zwei Modelle haben besondere Prominenz erlangt: das Drei-Akt-Modell und die Heldenreise.

Drei-Akt-Modell

Das Drei-Akt-Modell ist ein Ansatz zur Gliederung der Geschichte in drei Phasen (Akte), innerhalb derer das Geschehen einem archetypischen Ablauf folgt. Sogenannte Plot Points überführen die Handlung von einem in den nächsten Akt. Hauptvertreter dieser Erzählmethode sind vor allem die US-amerikanischen Drehbuchcoaches Syd Field und Robert McKee.

Schematisch dargestellt sieht das Drei-Akt-Modell so aus:[7]

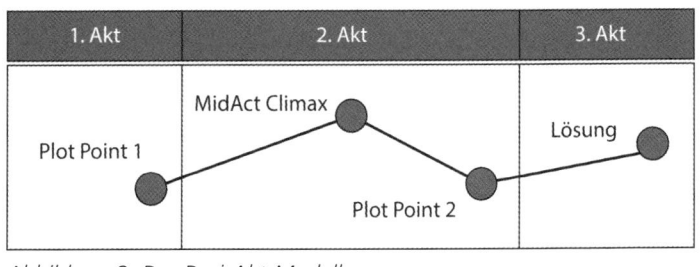

Abbildung 2: Das Drei-Akt-Modell

Der erste Akt führt uns in die Welt der Erzählung ein. Hier werden die Figuren und das Thema vorgestellt, um das es in der Geschichte geht. Außerdem werden Ort, Zeit und die konkreten Umstände der Handlung aufgezeigt. Schließlich werden die Hauptfiguren mit den wesentlichen anderen relevanten Charakteren in Verbindung gesetzt.

Am Ende dieses Aktes kommt es zu einem ersten Wendepunkt, der die Geschichte ins Rollen bringt. Es ist das sogenannte auslösende Ereignis bzw. auch Plot Point 1. Dieses Ereignis macht aus statischer Beschreibung Dynamik.

---

[7] Vgl. Field, Syd (2010): S. 150; McKee, Robert (2011): S. 235 ff.

Im Film „Matrix" entscheidet sich die Hauptfigur Neo (gespielt von Keanu Reeves) für die rote Pille. Damit wacht er aus der Matrix auf und die Handlung nimmt ihren dramatischen Lauf.

Der Plot Point 1 führt in den zweiten Akt, die Konfrontation. Hier stößt der Protagonist auf Hindernisse und Widerstände, die ihn davon abhalten, das dramatische Grundbedürfnis (also das Motiv des Helden, überhaupt aktiv in der Geschichte zu handeln) zu erfüllen. Das dramatische Bedürfnis ist ein bewusstes oder unbewusstes Ziel oder ein bewusster oder unbewusster Wunsch der Hauptfigur.

Der zweite Akt endet mit dem zweiten Plot Point, der die Lösung des Konflikts einleitet.

In der Matrix ist das der Moment, in dem Neo seiner Gefährtin Trinity das Leben rettet und erkennt, dass er tatsächlich der Auserwählte ist: Er kann gegen die Maschinen bestehen.

Der dritte Akt handelt von der Auflösung. Damit ist nicht das Ende gemeint, sondern die Lösung des zentralen Konflikts: Gewinnt oder verliert der Held? Wird das Böse besiegt? Erfüllt sich die Liebe?

Handelt der dritte Akt von der Vorbereitung auf die finale Konfrontation, so kann die tatsächliche Lösung auch als der dritte Plot Point bezeichnet werden. Das Ende eines Films ist hingegen die letzte Szene, bei einem Buch der letzte Gedankengang. Die Lösung kommt also vor dem Ende.

Die Heldenreise

Eine zweite dominante Strukturrichtung wurde insbesondere von Christopher Vogler, ebenfalls ein Drehbuch-Trainer aus den USA, verbreitet. Es geht um eine Heldenreise.[8] Dieser Ansatz basiert auf den Analysen und Forschungsergebnissen von Joseph Campbell, der als Begründer einer vergleichenden Mythologie gilt. Er hat die gemeinsamen Urmuster in allen mythischen Modellen erforscht.[9] Seine Ergebnisse veröffentlichte er 1949 in dem Buch „The Hero with a Thousand Faces".

Auf diese Erkenntnisse berufen sich eine Reihe namhafter und bekannter Filmemacher, u.a. James Cameron in dem Film „Avatar – Aufbruch nach Pandora", George Lucas in der Trilogie „Star Wars" sowie Steven Spielberg oder Francis Ford Coppola.[10]

Die Struktur der Heldenreise unterteilt eine Geschichte in zwölf Phasen.

Der Held durchläuft bei seiner Reise und der Durchschreitung dieser Phasen einen Prozess der irreversiblen Veränderung. Dabei wird seine Reise (wie schon im Drei-Akt-Modell) von einem Ereignis ausgelöst, welchem sich der Held aber zuerst widersetzt. Es bedarf eines Mentors, den Helden in Bewegung zu setzen, ihn auf die Reise zu schicken.

Leo Fishburn in Matrix ist der Mentor, der Neo überzeugt, über die Schwelle zu treten. Er stellt ihn vor die Wahl zwischen blauer Pille (dem Verbleib in der Matrix) oder roter Pille (dem Erwachen). Bei Star Wars ist es Obi Wan Kenobi, der Luke Skywalker dazu bewegt, dem „Call to adventure" zu folgen. Das auslösende Ereignis ist die Ermordung seiner Pflegeeltern durch imperiale Sturmtruppen.

---

8 Vogler, Christopher (2007)
9 Koschmieder, Annette: Stoffentwicklung in der Medienbranche: S. 89
10 Koschmieder, Annette (2011): S. 89.

Lernen von Hollywood

Die verschiedenen Phasen, die der Held in diesem Modell durchläuft, sind:

1. Die Welt des Helden.

2. Der Ruf zum Abenteuer.

3. Verweigerung, dem Ruf zu folgen.

4. Ein Mentor schiebt die Reise des Helden durch Überzeugung an.

5. Der Held überschreitet die Schwelle und betritt damit eine neue Welt. Es ist der Point of no Return.

6. Erste Bewährungsproben, bei denen der Held Verbündete gewinnt und Feinde überwindet.

7. Er nähert sich dem Zentrum des Bösen.

8. Entscheidende Prüfung: Kampf und Überwindung des Gegners.

9. Der Held wird durch diese Prüfung direkt belohnt.

10. Antritt des Rückweges in die alte Welt des Helden.

11. Es kommt zu einer Auferstehung bzw. Wiedergeburt, entweder tatsächlich oder symbolisch. Dieser Punkt markiert den Wandel zu einer neuen Persönlichkeit.

12. Verlassen der „speziellen" Welt und Rückkehr in die „normale" Welt als veränderter Held.

Diese zwölf Phasen lassen sich in vier Akte zusammenfassen, von denen der erste und der vierte in der „normalen", der zweite und dritte in der „speziellen Welt" der Herausforderung angesiedelt sind. Schematisch dargestellt sieht die Reise so aus:

Abbildung 3: Der Hero-Zirkel (Quelle: Vogler, Christopher (2007): S. 8)

Sowohl das Drei-Akt-Modell als auch die Heldenreise werden häufig als Vorlagen für Storytelling-Methoden genommen, die auch Einzug in die Strategiekommunikation halten. Indem Sie sich ausschließlich auf die Strukturen der Geschichte konzentrieren, beantworten Sie eine zentrale Frage: Wie entwickle ich Inhalte

- mit einer dramatischen Handlung, der die Zuschauer folgen wollen, und

- mit Aufmerksamkeit, damit das Publikum der Handlung folgt?

Sehen wir uns also die Elemente dramatischer Erzählungen an, die Handlung und Aufmerksamkeit ermöglichen:

- Konflikt

- Wertveränderung

- ein erkennbares Motiv

- ein auslösendes Ereignis.

Elemente dramatischer Erzählungen

Strukturen müssen mit Inhalten befüllt werden, denn die Struktur sagt so wenig über die Geschichte aus, wie die Form eines Glases über die Flüssigkeit, die darin enthalten ist. Welche Inhalte schaffen eine dramatische Handlung, der Menschen aufmerksam folgen?

Erzählungen handeln von Konflikten

Wer einen Roman liest oder einen Film sieht, erwartet, dass der Held von einem linearen Weg zu einem unbekannten Ziel durch Konflikte, Widerstände und Probleme abgehalten wird – erst diese erschaffen dramatische Geschichten. Dies wird Erwartungsbruch genannt.

Relativ zu Beginn der Handlung wird der zentrale Konflikt eingeführt. Dieser Konflikt trägt die gesamte Erzählung. Einen zentralen Konflikt gibt es bei Dramen, in Actionfilmen genauso wie in Komödien.

Ein Hai tötet Menschen an einem Badestrand („Der weiße Hai"), Außerirdische bedrohen die Erde („Independence Day"), ein schräger unbekannter Filmproduzent will endlich einen Blockbuster drehen („Bowfinger").

Die Konflikte können sich im Inneren abspielen, wie in „Leaving Las Vegas", wo die alkoholkranke Hauptfigur versucht, sich in Las Vegas zu Tode zu trinken. Die Konflikte können sich auf einer zwischenmenschlichen Ebene bewegen, wie in „Der Rosenkrieg", bei dem die Hauptakteure eine tödliche Scheidungsschlacht führen. Oder es können außerpersönliche Konflikte sein, Konflikte mit Organisationen, Naturgewalten und übernatürlichen Kräften, wie zum Beispiel bei James Bond.

Der zentrale Konflikt zeigt auf, worum es eigentlich geht. Die Lösung erfordert eine zentrale Wertveränderung.

Geschichten erzählen von Veränderungen

Siege oder Niederlagen, im Leben wie auf der Leinwand, sind gute Geschichten, denn es gibt eine klare Wertveränderung. Aus Liebe wird Hass, aus Verabscheuung wird Liebe, aus einem Traum wird ein Alptraum. Erzählungen, die uns fesseln, berichten von diesem Kampf der Werte.

Der Protagonist und die Geschichte als Ganzes machen einen Veränderungsprozess durch:

Aus einem zynischen Menschen, der unfähig ist, soziale Bindungen einzugehen, wird ein gefühlvoller, liebenswerter Lebenspartner. Das ist der Wandel, den Bill Murray in „Und täglich grüßt das Murmeltier" durchläuft.

Ausgangszustand und Endzustand dürfen niemals identisch sein, egal ob es zu einem negativen oder positiven Wandel kommt. Das Publikum muss erkennen, welcher Wert auf dem Spiel steht oder welchen Wert es zu erlangen gilt. Auch bei Business Erzählungen gilt es verständlich zu machen, was die Konsequenzen des Handelns oder Nicht-Handelns sein könnten.

Damit es aber überhaupt zu dem Kampf um die Werte kommen kann, muss ein Motiv erkennbar sein, welches das Eingreifen des Protagonisten erklärt.

Erzählungen zeigen Motive auf

Ein zentraler Konflikt ist die eine Seite einer guten Erzählung, ein passendes Motiv muss andererseits den zentralen Konflikt stützen.

Ohne Motiv kommt es zu keiner überzeugenden Handlung, und ohne erkennbares Motiv wird es kein zufriedenes Publikum geben.

Motive schaffen Identifikation durch Verbindung. Durch das Motiv kann man Handlung nachvollziehen. Es beantwortet die Frage nach dem „Warum".

Im Roman „Der Strand" ist es die Sehnsucht nach Abenteuer, die erklärt, warum sich Richard auf diese gefährliche Reise begibt und alle Warnsignale ignoriert.

Klassische Handlungsmotive in Erzählungen sind „Rache", „Triumph", „Vergessen wollen" oder auch „Gier" sowie das gerade erwähnte Motiv der „Sehnsucht". Konflikte und Motive stehen in einer starken erzählerischen Verbindung. Zuschauer müssen das Motiv mindestens eines Protagonisten erkennen und in sich selbst wiederfinden können, selbst wenn dieses nur latent vorhanden ist und vielleicht nur einen kleinen Teil des eigenen Lebens abdeckt.

Wer also das Publikum für sich gewinnen will, der muss über Motive Motivation schaffen – im Kino wie im Business. Die Wiedererkennung löst die Handlung aus. Man geht ins Kino, man kauft sich das Buch, man folgt der Argumentation.

Der zentrale Konflikt wird durch ein auslösendes Ereignis mit dem Motiv verbunden. Damit wird klar, warum es zur Handlung des Helden kommen muss.

Geschichten haben ein auslösendes Ereignis

Das auslösende Ereignis bringt die Geschichte unwiderruflich in Gang.

Es macht Handlung durch die Verbindung des Konflikts mit den Motiven der Protagonisten nachvollziehbar. Das Publikum wird nur emotional gebunden, wenn Konflikt, Motiv und auslösendes Ereignis stark miteinander verbunden sind.

Ohne ein solches Ereignis erscheinen dem Zuschauer die Handlungen nicht glaubwürdig und er ist emotional nicht berührt.

Im Film „Der weiße Hai" ist der zentrale Konflikt, dass ein Hai vor einer Küste Menschen tötet. Es geht um die Kern-Fragestellung: „Kann der weiße Hai zur Strecke gebracht werden?" Das erklärt aber noch nicht, warum ausgerechnet der Sheriff Martin Brody, der Angst vor dem Wasser hat, den Hai jagt.

Das auslösende Ereignis ist der Moment, als der älteste Sohn des Sheriffs dem Haiangriff nur knapp entrinnt. Martin Brody hat nun ein Motiv: Es geht um seine Familie und die Wiederherstellung des unbeschwerten Lebens auf der kleinen Insel.

Das Publikum versteht diesen Zusammenhang. Brody tötet nicht willkürlich, sondern handelt aus einem nachvollziehbaren Grund.

Konflikt, Ereignis und Motiv stehen in einem plausiblen Zusammenhang.

Lediglich Probleme aufzuzeigen und deren Lösungen an die Wand zu werfen führt zu keinem Involvement, somit nicht zu Aufmerksamkeit und schon gar nicht zu Anschlusshandlungen.

Aufmerksamkeit und Spannung

Es gibt viele Möglichkeiten Spannung aufzubauen. Um Business Fiktionen wirkungsvoll einzusetzen ist es notwendig, sich mit einigen zentralen Prinzipien der Schaffung von Aufmerksamkeit und Spannung zu beschäftigen. Denn auch bei Business-Erzählungen sollen das Management, ebenso wie Mitarbeiter und Kollegen, von den Themen gefesselt und zum Anschlusshandeln aufgerufen werden.

Die Entdeckung der Spiegelneuronen

Spannung im Rahmen von fiktionalen Erzählungen meint zumeist die emotionale Reaktion auf eine nachempfundene Besorgnis um einen als empathisch empfundenen Protagonisten. Diese Besorgnis, dieses Mitfühlen, erwächst aus der Erwartung, dass die Protagonisten von unmittelbar bevorstehenden negativen und bemitleidenswerten Ereignissen bedroht werden.[11]

Die sowohl bei Menschen wie auch bei Primaten anzutreffende Fähigkeit, sich in die Lage fiktionaler Figuren hineinversetzen zu können, liegt wahrscheinlich an den sogenannten Spiegelneuronen.

Sie wurden Mitte der 1990er-Jahre von dem italienischen Neurophysiologen Giacomo Rizzolatti entdeckt. Dabei handelt es sich um Nervenzellen, die beim Betrachten eines Vorgangs das gleiche Aktivitätsmuster aufweisen, als ob dieser Vorgang nicht nur betrachtet, sondern selbst durchgeführt bzw. erlebt würde. Der Mensch erkennt sich sozusagen in der Handlung wieder.

Es muss also gefragt werden: Welche Inhalte und Stilmittel schaffen Aufmerksamkeit?

---

[11] Zillmann, Rolf (1996): S. 215 ff.

Aufmerksamkeit durch Unsicherheit

Wer das Ende bereits kennt, der wird weniger spannungsgeladen einen Film verfolgen oder einer Geschichte zuhören – es sei denn, es bleibt eine gewisse Unsicherheit. Alfred Hitchcock nannte diese Technik „Suspense".

Da wir wissen, dass die meisten Geschichten ein gutes Ende erfahren werden, muss die Unsicherheit erhalten bleiben, um die Spannung, die Aufmerksamkeit nicht abreißen zu lassen. Der Held muss einen Preis bezahlen. Er muss sich zwischen schmerzhaften Alternativen entscheiden und er muss Opfer bringen.

Im „Weißen Hai" können nicht alle auf dem Boot zurückkehren – wer wird es sein, der geopfert wird?

Im Film „The Dark Knight" muss sich Batman entscheiden, wen er retten soll, seine große Liebe Rachel oder den Bezirksstaatsanwalt und die große Hoffnung von Gotham City, Harvey Dent.

Zuschauer ahnen, dass es zu Verlusten kommt, die emotional bedeutsam sind. Diese Ahnung hält uns wachsam.

Diese Entscheidung ist keine zwischen richtig oder falsch oder gut oder böse. Es ist eine Entscheidung, die auf alle Fälle einen Verlust bedeutet.

Dieses Wissen ist tief in uns verwurzelt, weshalb es auch gut im Rahmen von Fiktion reaktiviert werden kann. Gute und spannende Erzählungen lassen immer die Tür der Unsicherheit offen.

„Was wird es kosten, den Konflikt zu lösen?"

Wer dies in Business-Erzählungen vernachlässigt, der wird flache Geschichten erzählen, die weniger glaubwürdig sind und die die Zuhörer weniger fesseln. Es muss der Kampf gezeigt werden, der nötig sein wird, um die Ziele zu erreichen. Übertragen auf den Business-Bereich heißt dies zu erklären, welche Opfer gebracht werden müssen bzw. welche Entscheidungen zu fällen sind: Von welchen Geschäftsfeldern werden wir uns zurückziehen müssen? Welche alten Prozesse müssen wir aufgeben? Wie viel Verlust müssen wir in der ersten Phase eines Projekts einkalkulieren?

Aufmerksamkeit durch Rätsel

Gute Erzähler formulieren Geschichten als Rätsel. Es gibt eine zentrale Frage, die über den Handlungsstrang Stück für Stück der Beantwortung zugeführt wird: „Wird der weiße Hai getötet, und wenn ja, zu welchem Preis?"

Die Frage entsteht implizit in den Köpfen des Auditoriums. Diese zentrale Frage wird durch Ereignisse in weitere kleine Fragen unterteilt, die den Spannungsbogen aufrechterhalten: „Was passiert als Nächstes?", „Wen tötet der Hai?", „Wird der Forscher Matt Hopper wieder aus dem Käfig kommen?"

Spannung ist häufig Neugier. Deswegen sehen wir uns auch Filme an und lesen Bücher weiter, die wir nicht so gut finden. Wir wollen wissen, wie es weiter geht und wie die zentrale Frage (der Konflikt) gelöst wird.

Für Business-Erzählungen bedeutet dies, dass man – insofern man die zentralen Herausforderungen in der Geschichte kennt – mit Fragen führt und so einen Aufmerksamkeitsbogen spannt.

Aufmerksamkeit durch Andeutungen

Erzählungen erzeugen Aufmerksamkeit und Spannung auch dadurch, dass Vorblenden (flashforward) eingesetzt werden. Diese Vorblenden können explizit verwendet werden, so zum Beispiel in „Fletcher's Visionen", oder indirekt durch Andeutungen, die im Unterbewussten verstanden werden. Ein Zoom-Effekt auf einen Gegenstand zeigt dem Zuschauer, dass dieser noch eine Rolle spielen wird. Diese Technik der unterbewussten Andeutungen, die zu einem späteren Zeitpunkt aufgelöst werden, nennt man auch „Säen und Ernten". Es werden bewusst Andeutungen durch den Einsatz von Gegenständen, Sätzen und Gesten vorgenommen, die erst in der Zukunft eine Bedeutung erhalten und damit auch abschließend verstanden werden.

Dadurch entsteht ein Aha-Effekt, der die Aufmerksamkeit aufrechterhält. Die meisten Menschen haben gelernt, unbewusst auf diese Details zu achten. Wird die Andeutung eingelöst, entsteht ein sehr befriedigendes Erlebnis auf Seiten des Auditoriums.

Für Schnell-Leser: Business und Hollywood

- Für Unternehmen haben sich in den letzten Jahren viele Rahmenbedingungen verändert. Dies erfordert andere kommunikative Kompetenzen von Managern und Strategen.

- Wettbewerbsstrukturen verändern sich aufgrund von Technisierung und Globalisierung.

- Die Art der Aufnahme von Informationen und die Aufnahmebereitschaft von Empfängern haben sich infolge des modernen Medienkonsums verändert.

- Der zur Verfügung stehende Zeitrahmen des Managements nimmt ab.

- Tiefes fachliches Vorwissen des Managements ist nicht immer erwartbar.

- Organisationsstrukturen sind weniger stabil, durch Projektorientierung und Umstrukturierungen entstehen vermehrt Adhocratien statt Hierarchien.

- Lineare Informationsvermittlung (lange Präsentationen mit logischem Aufbau) wird seltener und weniger gewünscht.

- Die Kompetenz, überzeugende Erzählungen zu entwickeln, wird wichtiger.

- Einige Elemente können aus der „Erzählfabrik" Hollywood übernommen werden, insbesondere das Wissen, wie Handlung und Spannung entwickelt werden.

- Handlung entsteht durch einen Konflikt, durch Motive, Wertveränderungen und einem auslösenden Ereignis.

- Spannung entwickelt sich unter anderem durch Unsicherheit, durch Andeutungen und durch die Gestaltung der Erzählung als Rätsel.

Business-Erzählungen als Sprung in emergente Strategie-Projekte

3

„Willst Du springen?", rief Étienne nervös.

Dieser Satz leitet die letzte Szene des ersten Aktes in Alex Garlands erschienenem Roman „Der Strand" ein. Die Suche nach dem Paradies endet an einem Wasserfall. Nur wenn die Protagonisten den Sprung wagen, werden sie zu der traumhaften Lagune kommen, die auf der Karte eingezeichnet ist. Das Ziel ist so fern und doch so nah.

Wagen sie den Sprung in das Wasserbecken nicht, ist die Reise zu Ende. Springen sie, verlassen sie die „normale Welt" und kommen in der „speziellen Welt" der Reise an, dort, wo sich die Antwort auf ihre Fragen findet.

Business-Erzählungen sind der erste Akt und die Überführung des Publikums in die spezielle Welt. Die Zuhörer müssen den Sprung wagen und abtauchen wollen in die spezielle Welt der Problemlösung.

Business Fiction ist ein „Call to Adventure".

Eine gute Idee führt zu einem strategisch relevanten Thema. Andere werden davon überzeugt, dass es sich lohnt, die Lösung zu suchen, Antworten zu finden.

Gelingt die Transformation, aus Zuhörern Protagonisten werden zu lassen, ist die Business-Erzählung erfolgreich. Die Erzählung dient dazu, Entscheidungsträger und umsetzende Kräfte zu aktivieren und Zeit und Mittel für die konkrete Suche zur Verfügung zu stellen.

Business-Erzählungen sind keine abgeschlossenen Geschichten mit einem präzisen Mittelteil und konkretem Ende, sondern dienen als Anschub. Sie geben erzählerische und planerische Leitplanken vor.

Es soll zu einem „Sprung" ins Abenteuer aufgerufen werden, bei dem die Protagonisten in einen Lösungsraum eintauchen sollen, um die Lösung zu suchen. Dafür müssen Mentoren (Entscheidungsträger und Promotoren seiner Themen) gewonnen werden, die zusätzlich den Anstoß geben, die Entwicklung zu verfolgen.

Dadurch, dass sich die Zuhörer in der Erzählung wiederfinden und identifizieren können, wird der Sprung schließlich ausgelöst.

Der Autor/Erzähler führt durch die Idee und die Verbreitung des Themas an den Rand des Lösungsraumes und überzeugt, dass sich der Sprung lohnt.

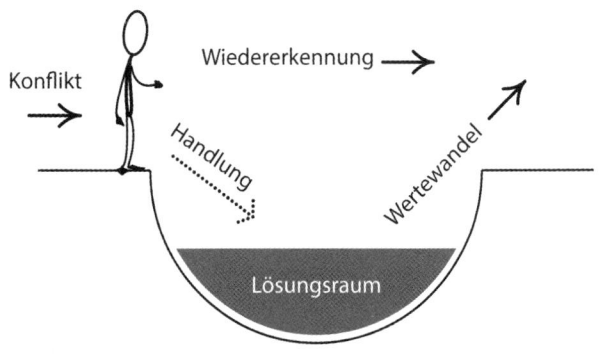

Abbildung 4: Business Narrative als Sprungpunkt in die Strategieentwicklung

Um die Handlung auszulösen, um die Transformation zu schaffen, aus Zuhörern Akteure zu machen, bedarf es im Kern folgender Elemente:

1. Es muss zuerst ein Konflikt, eine klare Problemstellung erkennbar sein.

2. Der Konflikt muss durch den Verweis auf einen möglichen Lösungsraum als realistisch erscheinen.

3. Die Lösung muss zu einem erkennbaren Wertewandel führen, das heißt, wer den Sprung gewagt hat, wer die Reise erfolgreich gemeistert hat, für den muss erkennbar sein, was sich danach verändert haben wird.

4. Die Entscheidungsträger und alle potenziellen Protagonisten müssen sich in der Erzählung wiedererkennen.

5. Es muss gelingen, dass möglichst viele das Thema als relevant einstufen und überhaupt an den „Rand" der Lösung kommen wollen. Dafür muss das Thema verbreitet und aufmerksamkeitsstark vermittelt werden.

Die dedizierte Suche nach der Lösung ist erst der zweite Teil, der sogenannte emergente, der sich an eine strategische Erzählung anschließt. Dieser Teil wird hier nicht behandelt, denn hier geht es um den Start zu einem langen Prozess und einem langen Abenteuer. Wie dargelegt, entsteht dann die tatsächlich realisierte Strategie erst während der Umsetzung. Und Findungs- und Umsetzungsprozesse dauern lange.

---

16 Jahre für einen Kaffee

Die Entwicklung von Produkt-Konzepten und Geschäftsfeld-Strategien ist ein langwieriger Prozess, der häufig unterschätzt wird.

Da viele Manager Produkte und Marken nur dann sehen, wenn sie bereits erfolgreich sind (Verfügbarkeits-Heuristik, dazu später mehr), glauben sie oft, man könne den Erfolg gewissermaßen generalstabsmäßig und kurzfristig planen. Das Wort „Strategie" stammt nämlich aus dem militärischen Begriffsjargon.

Dabei sind gerade die besonders erfolgreichen Konzepte häufig von einer langen Suchphase geprägt. Gerade Nespresso wird heute immer wieder als geniales Erfolgskonzept zitiert, dabei war der Weg zum Ruhm mehr als steinig. Schon 1970 wurde das System erfunden. 1976 wurde es patentiert und erst zehn Jahre später auf den Markt gebracht, um zunächst kläglich zu scheitern. Heute wächst Nespresso um circa 40 Prozent jährlich.[12]

---

[12] Gassmann, Oliver; Frisike, Sascha (2012): S. 168 f.

Da Business-Erzählungen, anders als rein fiktionale Werke der Unterhaltungsindustrie, Handlung auslösen müssen, also aus Rezipienten Akteure werden sollen, gibt es einige wichtige Aspekte, die bei der Überzeugung eine Rolle spielen und daher berücksichtigt werden sollten.

1. Das Problem der selektiven Wahrnehmung

Warum rauchen Menschen, obwohl sie wissen, dass es schädlich ist? Weil es eine Rechtfertigung für das Verhalten gibt, einen „Weil-Faktor": Ich rauche, weil es mich entspannt, und ich muss mich entspannen, weil ich gestresst bin.

Verhalten und Einstellung sind gegenläufig. Deswegen werden sie erzählerisch in einen Zustand der Balance überführt.

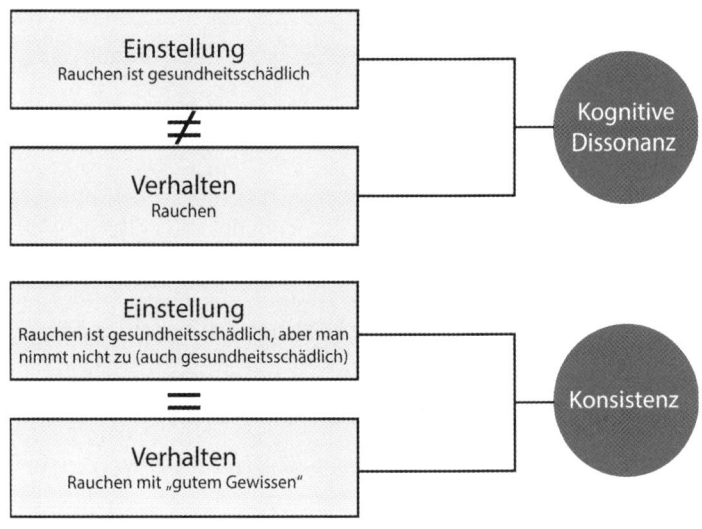

Abbildung 5: Modell der kognitiven Dissonanz in Anlehnung an Krogerus, Mikael; Tschäppler, Roman (2009): S. 51.

Das Modell der kognitiven Dissonanz stammt von Leon Festinger, einem US-amerikanischen Sozialpsychologen, der in verschiedenen Experimenten feststellte, dass Menschen sich gewissermaßen selbst überzeugen, wenn Verhalten und Einstellung voneinander abweichen. Je weniger externe Gründe es für die Rechtfertigung gibt, umso stärker wird die eigene Überzeugungsfähigkeit aktiviert. Dies führt auch dazu, dass Informationen selektiv wahrgenommen und passend zur eigenen Einstellung adaptiert werden. Dadurch wird vermieden, dass das Gleichgewicht zwischen Einstellung und Verhalten gefährdet wird.

Die Theorie basiert auf der Erkenntnis, dass jeder gern in Harmonie und Balance mit sich und seinen Einstellungen und Meinungen lebt. Dissonanzen erzeugen ein Unwohlsein. Festingers Theorie erklärt, wie Menschen dieses Unbehagen verringern – oder es von vornherein vermeiden.

Einerseits kommt es zur Rechtfertigung, andererseits zur selektiven Wahrnehmung bei der Informationsaufnahme. Letzteres erklärt auch, warum der BILD-Leser nicht die TAZ liest: Man will gar keine andere Meinung, die die eigene aus dem Gleichgewicht bringen könnte.

Heute wird dieses Phänomen der selektiven Informationsaufnahme als Bestätigungsfehler bezeichnet (Confirmation Bias).

2. Das Problem der unterschiedlichen Zielgruppen

Häufig trifft man in Terminen auf zwei Typen von Entscheidungsträgern, auf den Elaborierten und auf den weniger Elaborierten.[13]

Die einen sind motiviert und fachlich fähig zur intensiven kognitiven Informationsverarbeitung. Andere hingegen sind weniger be

---

[13] basierend auf dem Elaboration Likelihood-Modell von Richard Petty und John T. Cacioppo

reit, sich intensiv mit den Informationen und Gedankengängen sowie Schlussfolgerungen auseinanderzusetzen.

Die eine Zielgruppe kann nur überzeugt werden, wenn es eine umfassende, logische und kritische gedankliche Auseinandersetzung mit dem Thema gegeben hat, während die andere auch mit weniger Informationen, aber dafür mit mehr affektiven Mechanismen überzeugt werden kann.

Grad und Stabilität der Überzeugung sind allerdings in den beiden Zielgruppen unterschiedlich: stabile Entscheidungen bei den Elaborierten, instabile Einstellungsänderungen bei den weniger Elaborierten.

Wer kennt es nicht, dass das Top-Management gerne mal die Meinung ändert, obwohl man nach dem Gespräch einen völlig anderen Eindruck hatte und fest davon ausging, dass man das Management überzeugt hat?

Wer sein Thema dauerhaft auf die Agenda vieler Personen bekommen möchte, muss Futter für beide Rezipienten-Gruppen mit sich führen und es schaffen, dass das eigene Thema von möglichst vielen Entscheidungsträgern, aber auch möglichst vielen umsetzenden Kräften als gesprächsrelevant betrachtet wird.

3. Das Problem der Unterlassung

Menschen sind geprägt von dem Glauben, dass es schlimmer sei, durch Handeln einen Schaden zu erzeugen als durch Unterlassung.

Wir sehen eine Handlung subjektiv als riskanter an als eine andere Verhaltensoption, die darin besteht, nicht zu handeln.[14]

---

[14] Eisenführ, Franz; Weber, Martin (2002): S. 369

Dies führt dazu, dass gerade in schwierig einzuschätzenden Marktumfeldern eher auf Handlung verzichtet wird als aktiv auf Handlung zu setzen. Selbst wenn die Argumentation und das Thema noch so überzeugend sind, wird die Angst, die falsche aktive Entscheidung zu treffen, größer sein als die Angst, eine Entscheidung nicht zu treffen. Deswegen muss immer versucht werden, Überzeugungen zu einer stabilen Einstellungsänderung zu transformieren.

Business-Erzählungen müssen daher auf vielen Ebenen ansetzen, um am Ende ein Thema auf die Agenda des Managements zu hieven.

Für Schnell-Leser: das Konzept Business Fiction

- Business Fiction ist eine sich entwickelnde Erzählung, die Probleme antizipiert, benennt und andere davon überzeugt, dass es wert ist, sich des strategischen Problems anzunehmen.

- Business Fiction ist der Einstieg in einen Prozess der konkreten Lösungsentwicklung und zeigt daher Lösungsräume und Ideen auf.

- Es geht nicht um die Darstellung von fertigen Produkten und Lösungen. Vielmehr muss so viel Freiraum gelassen werden, dass die umsetzenden Kräfte noch genügend Kreativität für die eigene Lösungsentwicklung ausbilden können.

- Die Lösungen sollten aber so konkret vermittelt werden, dass Entscheidungsträger sich eine Vorstellung davon machen können, was als Lösung erwartbar und sinnvoll ist.

- Business Fiction adressiert mehrere Zielgruppen und muss daher einige Besonderheiten bei der Entwicklung von Erzählungen beachten.

- Business Fiction ruft die Zuhörer zum Handeln auf und zeigt, wo sich Lösungen finden lassen.

- Die Erzählung liefert keine Blaupause zur Umsetzung, sondern gibt einen Rahmen vor.

- Business Fiction ist der Sprung ins Abenteuer, den Entscheidungsträger und andere Kräfte vollziehen wollen, weil sie glauben, dass der Sprung sich lohnen wird.

- Aber Überzeugung muss einige Probleme überwinden, so das Problem des Strebens nach Konsistenz und das Problem der Unterlassung.

- Business-Erzählungen müssen zudem zwei Zielgruppen ansprechen, die stark Involvierten und die weniger Elaborierten.

Prinzip 1:
Denke wie ein Autor

4

Prinzip 1: Denke wie ein Autor

Wie lässt sich der Einstieg in einen kreativen Prozess der Entwicklung von Themen und Inhalten finden, die es auf die strategische Agenda schaffen? Oder wie kann man aus anscheinend langweiligen Vorgaben des Top-Managements kreative Business-Erzählungen entwickeln? Hierfür ist es notwendig, sich in die Rolle als Autor einzufinden und sich bestimmte Einstellungen, Fähigkeiten und Techniken anzueignen.

Für sich selber schreiben

„In Dir muss das Feuer brennen, das Du in anderen entfachen möchtest."

Dieser von Aurelius Augustinus adaptierte Satz ist der Kern jeglicher guten Business-Erzählung. Das Feuer entfacht sich nicht nur in anderen, sondern lässt den Kommunikator selbst heraustreten aus der Dunkelheit. Nicht die Scheinwerfer, die auf den Redner gerichtet sind, sind erhellend, sondern die Botschaft, die hinausgesandt wird in das Auditorium, ist das wahre Licht.

Flache, klischeehafte Erzählungen berichten häufig nichts Interessantes, nichts Neues, nichts Ungewöhnliches und versuchen, die Erwartungen von irgendjemandem zu befriedigen. Es geht bei diesen Erzählungen lediglich um Erwartungserfüllung des Publikums, des Vorstandes, der anderen Abteilungen. So wird es aber nichts werden mit guten Erzählungen und überzeugenden Präsentationen. Denn gute Erzählungen handeln von Erwartungsbrüchen. Anstatt also die Erwartungen anderer erfüllen zu wollen, muss sich der Autor einer guten Business Narration vielmehr angewöhnen, für sich selbst zu schreiben.

Man muss sich selbst motivieren und fragen: „Was ist der interessante Aspekt an diesem Thema? Was könnte mich begeistern, was könnte mich inspirieren? Was an dem Thema, an der Aufgabenstellung wäre eine ungewöhnliche Perspektive, mit der das Thema beleuchtet werden könnte?"

Motivation kann auch dadurch geweckt werden, dass die negative Seite zuerst beleuchtet wird. Man schreibt den Frust über das Projekt auf und legt alle langweiligen Aspekte dar. Dem gegenüber stellt man dann die idealisierten Punkte. „Was wäre der Gegenpol in dem Themenfeld?"

Das Thema ist zu technisch? Was wäre das Gegenteil? Spielerisch? Konzeptionell? Design-orientiert? Wie müsste also aus einem technischen Themengebiet ein spielerischer Themenansatz entwickelt werden? Wie lässt sich Technik begeisterungsfähig gestalten?

Vielen Unternehmen gelingt es, aus anscheinend völlig trivialen und alltäglichen Dingen Lifestyle-Produkte zu entwickeln oder sogenannte Commodity-Produkte (Produkte, die eigentlich keinerlei Unterscheidungsmerkmale haben, zum Beispiel Benzin) zu emotionalisieren und zu differenzieren.

Die Petro-Industrie erfindet immer wieder neue Kraftstoffe, die vermitteln sollen, dass es Unterschiede gibt. Billigflieger verändern ein eigentlich identisches Erlebnis, das Fliegen, durch eine neue Perspektive, so der Gründer von „Easyjet" Stelios Haji-Ioannou.

Die stärksten Geschichten sind zumeist die, die aus etwas Bekanntem etwas Neues und Anderes machen.

Die wesentliche Kunst strategischer Business-Erzählungen besteht darin, eine neue Sicht auf bekannte Dinge zu werfen. Es geht nicht darum, Neues zu erfinden und jedem Trend und Hype hinterherzulaufen; viel effektiver ist es, Bekanntes neu zu gestalten. Für radikale Innovationen, die neue Ideen für noch nicht vorhandene Märkte vermitteln wollen, muss eine sehr lange Zeit der Überzeugung eingeplant werden. Effektiver ist es, bestehende Dinge neu zu interpretieren und die Stakeholder in gewisser Hinsicht dazu zu zwingen, eine neue Perspektive auf Bekanntes einzunehmen. Überzeugung hängt stark mit Wiedererkennung zusammen. Und Innovation ist maßgeblich die Fähigkeit, bisher unverbundene Fragestellungen miteinander zu verbinden.[15] In der Literatur wird dieser Ansatz auch Defamiliarization genannt.

Der erste Schritt ist, sich selber dafür zu begeistern und seine Perspektive in die Themen zu bringen. Es geht um die Selektion des Interessanten, des Neuen und des Anderen. Es geht um den persönlichen Blickwinkel.

---

[15] Dreyer, Jeffrey H. (2009): S. 2

Nachmachen und Individualisieren

Nachmachen ist der Start, um überhaupt eine gute Geschichte entwickeln zu können. Nachahmung baut Trampelpfade auf, die man dann erst verlassen kann. Nur wer in einer Aktivität sicher ist, kann individuell und einzigartig werden. Dafür muss man die Grundprinzipien und Methoden kennen.

Als Lösungsvorlage hingegen ist Nachmachen ungeeignet. Häufig wird in Unternehmen direkt aus der Nachahmung das strategische Ziel abgeleitet, was MeToo genannt wird. Der Trick ist, Nachahmung und Strategieentwicklung voneinander zu trennen.

Abschauen und das Abgeschaute selber anwenden ist der wichtigste Teil des Lernens. Kinder ahmen ihre Eltern und ihre Umwelt von Geburt an nach, auch wenn sie diese noch nicht verstehen.

Handeln ist wichtiger als erklären.

Wir lernen zu schreiben, indem wir erst Buchstaben, dann Worte nachmalen und Stück für Stück lernen wir Schrift und Worte in einen individuellen Kontext zusammenzufügen. Nachahmung ist also die Voraussetzung für eine individuelle Ausdrucksform.

Wichtig ist, in einem zweiten Schritt eine Verstehensperspektive in die Anwendung zu bekommen. Hierbei wird das bewusste Denken mit den in das Unterbewusstsein verschobenen Handlungen kombiniert. Man muss sich selber fragen: „Warum handle ich so und wie könnte ich es anders machen, was wäre die Verbesserung?"

Man beobachtet sich selbst bei der Anwendung von Produkten, bei der Umsetzung von Prozessen, zerlegt diese und beginnt dann, sie individuell zu rekombinieren.

Innovative Geschichten verbinden Bekanntes mit Neuem und Anderem und erfinden nichts Neues.

Bewusstes Denken aktivieren

Je häufiger wir etwas nutzen, erleben und anwenden, umso mehr Handlungen werden in das Unterbewusstsein verschoben.

Wir durchlaufen einen Supermarkt mit mehreren hunderttausend Produkten und steuern zielgerichtet zu den Waren, die wir suchen. Wir müssen uns nicht orientieren. Auf Websites, die wir häufig benutzen, navigieren wir sicher zu den gewünschten Inhalten. Wenn wir Auto fahren, schalten und kuppeln wir, wie von Geisterhand geführt. Sitzen wir hingegen in einem Auto mit Automatikgetriebe, ist die Gefahr groß, dass wir mit dem linken Fuß auf die Bremse treten. Nach dem Relaunch einer Website sind wir orientierungslos, selbst wenn das Design und die Navigation nach den neuesten Usability-Methoden optimiert wurden. Wenn der Supermarkt die Sortierung ändert, dauert unser Einkauf mindestens doppelt so lange oder wir vergessen die Hälfte.

Warum ist das so?

Unser Gehirn blendet alles aus, was es für unwichtig oder bekannt hält. Damit liegt die Chance, etwas Neues und Unbekanntes in einer bekannten Umgebung zu finden, bei circa einem Prozent. Denn nach Aussage von Gerhard Roth, Professor für Verhaltensphysiologie, stammen 99 Prozent dessen, was wir sehen, aus unserem Gedächtnis und nur ein Prozent kommt über die Sinnesorgane hinzu.

In bekannten Situationen und Umgebungen schaltet unser Gehirn auf Autopilot. Deswegen ist es essenziell, aus dem Alltag und aus bekannten Situationen herauszutreten, damit wir Neues und Anderes wahrnehmen können. Denn in neuen Situationen schaltet unser Gehirn auf den Verstand um, der zwar langsamer als das Unterbewusstsein funktioniert, dafür aber flexibler ist.

Wer also wirklich gute Business-Erzählungen entwickeln möchte, der muss den Alltag verlassen, der muss neue Produkte, neue Situationen ausprobieren, neue Umgebungen kennenlernen, damit uns Neues und Spannendes überhaupt auffällt.

Wer die Trampelpfade verlässt, der wird auf völlig neue Ideen kommen. Deshalb sollten Autoren von Business-Erzählungen regelmäßig Gelerntes und Alltägliches verlassen und sich neuen Umgebungen aussetzen.

Wirkungsvolle, einfache Ansätze sind: in einen anderen Supermarkt zum Einkaufen gehen, die Airline ab und zu wechseln, neue Geräte selber installieren oder verschiedene Handy-Modelle nutzen.

Daraus leiten sich ganz bemerkenswerte Einstiegsmöglichkeiten ab. So ist es möglich, von alltäglichen Erfahrungen bewusst zu berichten und so beim Auditorium Emotionen zu wecken. Das Gefühl der Unsicherheit und Orientierungslosigkeit in neuen Situationen haben sehr viele Menschen in sich gespeichert. Da die meisten aber diese Dissonanzen vermeiden, können sie es nicht aktiv hervorholen. Derjenige, der es im Rahmen von Erzählungen aktiviert, hat eine starke Verbindung aufgebaut.

Ein Manager im Supermarkt

Der Chef von Kraft Foods für die DACH-Region räumt Regale im Supermarkt ein und betätigt sich als Promoter für Kekse. Warum er das macht? Er möchte selbst erleben, wie die „Welt" da draußen funktioniert, wie Kunden die Markenwelt von Kraft Foods erfahren. Es geht ihm um das ungefilterte Feedback, welches er in seinem Chefsessel selten erhält.[16]

---

[16] Gruber, Stephanie (2012): S. 24

Prinzip 1: Denke wie ein Autor

> Bei E-Plus wurden die Produktmanager Ende der 1990er-Jahre regelmäßig in Stores zum Verkauf von Handys geschickt und bei der Cebit musste an den Besuchertagen Standdienst verrichtet werden – ebenfalls um zu erleben, wie die Welt der Kunden wirklich funktioniert.

Masse ist Klasse

Aus Masse wird Klasse.

„Von 1.000 gewonnenen Ideen machen nur etwa 100 wirtschaftlich Sinn, daraus wiederum rechtfertigen nur etwa zehn Ideen ein finanzielles Investment und davon lassen sich nur noch eine oder zwei Ideen in konkrete Angebote umsetzen. Vielleicht hat eine davon dann eine Chance, zur echten ‚Killer-Idee' zu avancieren."[17]

Ohne die Schaffung von Masse ist es nicht möglich, gute Erzählungen zu entwickeln. Es geht um die Sammlung von Daten, von Lösungen, die man irgendwo gesehen hat, es geht um die Entwicklung von Ideen und die Suche nach Thesen und Korrelationen. All das ist erzählerische Masse, man sammelt Stoff für eine Geschichte.

Dies benötigt aber auch eine Inkubationszeit. Aus den vielen Möglichkeiten reift Stück für Stück ein Strang der Erzählung heraus.

Leider bringt diese Arbeit es mit sich, vieles lediglich für die Tonne zu produzieren. Überzeugung entsteht aus einem starken Strang, der Inhalt und Bedeutung miteinander vernetzt. All das, was diesen Strang stört, muss herausgeschnitten werden. Die meisten wollen mit dem ersten Entwurf sofort den großen Erfolg, aber das ist meist unmöglich.

---

[17] Scheuss, Ralph (2011): S. 151

Materialisieren

Schreiben und Aufzeichnen seiner Gedanken hilft bei der Entwicklung guter Erzählungen. Wenn viel, und später dann strukturiert, geschriebenes Material zur Verfügung steht, kann man gute individuelle Erzählstränge auswählen.

Außerdem lassen sich in verschiedenen Präsentationen leichte Variationen aus dem Material vornehmen.

Das zu Papier Gebrachte muss nicht perfekt sein.

Bringen Sie Ihre Gedanken zu Papier! Je mehr, umso besser.

Sich in der speziellen Welt auskennen

Wer andere auffordert, hinabzusteigen in die spezielle Welt der Heldenreise, der sollte sich dort idealerweise auskennen. Richard im Roman „Der Strand" springt als Erster in das Wasserbecken. Das bedeutet nicht, dass man alle Themen- und Fachgebiete beherrschen muss, aber inhaltliche Kompetenz gehört unbedingt dazu. Überzeugungswirkung hat sehr viel damit zu tun, ob die Quelle der Botschaft als kompetent wahrgenommen wird.[18] Nachahmung, die Konzentration auf das Wesentliche sowie die Sammlung und Sichtung massenhafter Daten und Ideen ist die Tür, hinter der sich die spezielle Welt verbirgt – und Kompetenz ist der Schlüssel anderen diese Tür zu öffnen. Steve Jobs, Phil Knight, aber auch der deutsche Gründer von mobile.de, Rüdiger Bartholatus, kannten sich in ihrer speziellen Welt aus und waren deswegen fähig zu erkennen, welche zentrale Fragestellung relevant ist und welche zu überzeugenden Erzählungen führen kann. Deswegen muss man als Autor die Bereitschaft haben, sich mit den Themen auseinanderzusetzen und die Daten nicht nur zu sammeln. Man muss sie auch verstehen wollen. Es ist der zweite Blick, der aus Masse erst Klasse werden lässt.

Der US-amerikanische Psychologe Carl Hoveland entwickelte ein Grundmodell der kommunikativen Wirkungsforschung, welches zentrale Faktoren des Kommunikationsprozesses zur Beeinflussung und Überzeugung darstellt.[19]

---

[18] Vgl. das Modell persuasiver Kommunikation von Hoveland in: Burkhart, Roland (1995): S. 438 ff.
[19] Burkart, Roland (1995): S. 438 ff.

Kernaussagen des Hoveland-Modells

Die Effektivität überzeugender Kommunikation hängt von folgenden Faktoren ab:

- Kommunikative Stimuli wie Art und Anordnung der Argumentation, Einsatz von emotionalen Appellen und von Schlussfolgerungen, die der Kommunikator zieht.

- Merkmale des Kommunikators, insbesondere dessen Glaubwürdigkeit und zugeschriebene Sachkenntnis.

- Die Merkmale des Mediums, dazu zählen auch die Präsentationsformen wie Charts, Videos, Bild und Text.

- Die situativen Bedingungen bei dem Aussageempfang, zum Beispiel in einem Meeting, auf einer Bühne, im Büro, beim Mittagsessen oder am Telefon.

Zudem hängt eine gelungene Überzeugung auch von den Prädispositionen des Rezipienten ab. Diese sind kommunikationsfrei, wie zum Beispiel persönliche Motivlage, Grad der subjektiven Überredbarkeit und der intellektuellen Fähigkeiten. Und andererseits gibt es kommunikationsgebundene Faktoren, wie die Meinung zum Thema, die Einstellung zum Vortragenden oder den Medien, mittels derer das Thema vorgestellt wird.

Und schließlich ist die Effektivität der Überzeugung abhängig von der internen Mediatisierung. Damit ist gemeint, wie die unterschiedlichen Phasen der Rezeption auf Empfängerseite durchlaufen werden. Es muss zur Aufmerksamkeit kommen und diese muss zu einem Verstehen führen. Dies hängt sehr stark davon ab, wie gut es gelingt, dem Inhalt eine Bedeutung beizumessen. Diese beiden Phasen bestimmen auch, was der Rezipient letzten Endes von der Botschaft lernt und in sein Handeln übernimmt.

Die stärksten Kräfte ins Feld führen

Der US-amerikanische Drehbuchcoach Robert McKee schreibt: „Der Beweis für Ihre Vision ist nicht, wie gut Sie Ihre beherrschende Idee geltend machen, sondern deren Sieg über die enorm starken Kräfte, die Sie gegen sie ins Feld führen."[20]

Überzeugen Sie sich selbst, aber nicht über den einfachen Weg, der selektiven Wahrnehmung. Führen Sie stattdessen die stärksten Kräfte gegen Ihre Hypothese ins Feld! Lassen Sie kognitive Dissonanzen zu! Daten, Fakten, Beispiele zu sammeln und diese gegeneinander prallen zu lassen, schafft einen dramatischen Spannungsbogen. Innovative und interessante Erzählungen entstehen aus der Suche nach dem schwarzen Schwan im eigenen Thema und eigenen Erzählbogen.

Die Suche verbessert später die Überzeugung und erhöht die eigene Kompetenz-Wahrnehmung beim Publikum, weil man selbst bereits verschiedene Perspektiven eingenommen hat.

Wie sieht das Aufführen starker Gegenkräfte konkret aus?

Beispiel:

Im Zeitungsbereich wird häufig eine sehr kontroverse Diskussion über das Thema geführt, ob und wann die Zeitungen aussterben. Fast alle sehen eine Korrelation zwischen steigender Online-Nutzung und fallenden Zeitungs-Auflagen.

Starke Kräfte gegen diese Korrelation zu suchen würde bedeuten, nach der Gegenthese zu suchen: „Gibt es Zeitschriften, die ein außergewöhnliches Wachstum aufweisen, ohne jegliche digitalen Aktivitäten anzubieten?" Diese Gegenthese wird dann auch als „schwarzer Schwan" oder „Trauerschwan" bezeichnet.

---

[20] McKee, Robert (2011): S. 141

Prinzip 1: Denke wie ein Autor

> Seit das Magazin „Landlust" große Erfolge feiert, ist auf der Zeit-schriftenbühne auf einmal ein schwarzer Schwan aufgetaucht. Diese Zeitschrift hat eine so hohe verkaufte Print-Auflage, ohne journalistische Online-Aktivität, dass sich viele fragen, ob die These, dass Online wichtig ist, um die Auflage zu stabilisieren, noch relevant ist.

Diese Phase als Autor zu durchlaufen ist extrem wichtig, denn der Autor und Erzähler ist das Medium und die Quelle des Wissens. Wie bereits erwähnt, geht es immer auch darum, Überzeugung durch Glaubwürdigkeit herzustellen. Dafür muss man sich in der speziellen Welt auskennen und gegen seine eigenen Ideen starke Kräfte aufführen.

Der schwarze Schwan

In Europa war man bis ins 17. Jahrhundert überzeugt, dass Schwäne grundsätzlich weiß wären, bis man mit der Entde-ckung Australiens auch schwarze Schwäne fand. Der Philosoph Karl Popper verwendete den Trauerschwan als Metapher für den Widerspruch zur eben noch herrschenden Wirklichkeit.

Popper ging davon aus, dass eine Hypothese nicht bewiesen, aber gegebenenfalls widerlegt werden kann.

Immer häufiger wird durch die massenhaften Informationen, Daten und Fakten der „schwarze Schwan" aber ausgeblendet bzw. gar nicht gesucht, obwohl er schon lange gefunden wurde. Gute Autoren suchen ganz bewusst nach dem Wider-spruch des eigenen Denkens.

Der erste Schritt zur konkreten Erzählung ist die Suche nach dem zentralen Problem, dem strategischen Konflikt.

Für Schnell-Leser: Prinzipien des Business-Autors

- Gute Autoren nehmen zu bekannten Themen eine andere und interessante Perspektive ein.

- Ohne persönliche Kompetenzen in dem Themenfeld ist Überzeugung nicht herstellbar.

- Kompetenz beginnt mit der Nachahmung. Erst dann leitet sich eine Individualisierung ab.

- Die Überwindung der eigenen selektiven Wahrnehmung ist ein wichtiger Schlüssel zu starken strategischen Themen. Damit überzeugt man zuerst sich und dann andere.

- Es ist wichtig, dem Publikum einen neuen Blick auf Bekanntes zu geben und so Wiedererkennung zu ermöglichen.

- Alles, was wir hören, sehen, lesen und anwenden, ist ein Resonanzboden für gute Erzählungen. Erst dieser Resonanzboden ermöglicht Empathie und Glaubwürdigkeit.

Prinzip 2:
Fokussiere Konflikte

5

Prinzip 2: Fokussiere Konflikte

Warum über Konflikte oder Probleme einsteigen? Haben wir nicht alle gelernt, dass Lösungsorientierung eine Tugend sei? Hören wir nicht andauernd, dass man nicht von Problemen, stattdessen besser über Herausforderungen sprechen sollte? Basiert Führung nicht auf einer Ziel-Orientierung?

Es gibt einige gute Gründe dafür, in Konflikten und Problemen zu denken, statt in Zielen und Lösungen.

1. Lösungen aktivieren bei uns gar nichts. Unser ganzer Tag besteht aus konfliktfreier Nutzung von Maschinen, Geräten, Dienstleistungen, von denen uns gar nicht mehr auffällt, dass dies Lösungen von Problemen sind. Erst wenn der Akku des Handys leer, der Fernseher kaputt, erst wenn der Flaschenöffner nicht zur Hand oder die Taxizentrale andauernd besetzt ist, fällt uns auf, dass all diese Angebote tatsächlich ein subjektiv wahrgenommenes Problem darstellen.

Taucht das Problem auf, suchen wir sofort nach Lösungen. Selbst die beste Idee und die daraus abgeleitete Umsetzung wird für uns erst dann sichtbar, wenn es das passende Problem gibt.

Als eine Dreijährige das richtige Problem fand

Sagt Ihnen der Name Edwin Land etwas?

Edwin Land gilt bis heute als einer der wichtigsten Pioniere der Fototechnik. Er erfand die Polaroid-Kamera. Das passende Problem lieferte seine dreijährige Tochter, die fragte, warum es nicht möglich sei, das Bild sofort zu sehen. Dies war der Anschub, sich mit dem Problem und einer möglichen Lösung auseinanderzusetzen. Edwin Land erfand daraufhin die Polaroid-Kamera.[21]

Was war eigentlich das Problem? Die Ungeduld von Kindern. Erwachsene, die fotografierten, hatten es gelernt, nicht mehr un geduldig zu sein. Fotos zu entwickeln dauerte eben.

---

21 Westly, Frances; Mintzberg, Henry (1989): S. 19

Sieht man sich den magnetischen Stecker bei den Apple MacBooks an, versteht man nur dann die Lösung (und vor allem den Wert der Lösung), wenn man mal über ein Ladekabel gestolpert ist.

2. Da viele Manager lieber Lösungen wollen als etwas von Konflikten oder Problemen zu hören, merken sie manchmal gar nicht, dass es gar kein passendes Problem gibt. Oder sie gehen davon aus, es sei klar, um welchen Konflikt es sich handele und es gäbe ein einheitliches Verständnis von dem Problem. Dem ist aber häufig nicht so.

3. Wird auf eine klar und eindeutig gestellte Frage eine falsche Antwort gegeben, ist dies relativ leicht zu überprüfen. Die richtige Antwort auf die falsche Frage hingegen ist deutlich schwieriger zu korrigieren.[22]

Die Antwort auf alles ist … „42"

Kennen Sie diese Antwort? Wer die Frage nicht kennt, wird zahlreiche Fragen formulieren können, die alle zu der Antwort führen. Die meisten werden falsch sein.

Die Zahl 42 ist die Antwort auf die Frage „nach dem Leben, dem Universum und dem ganzen Rest".

Fragen geben den Kontext für Antworten. Ohne die Frage mag die Antwort richtig sein, aber der Kontext ist beliebig änderbar. Gerade deswegen kommt es in vielen Organisationen und Unternehmen zu endlosen Diskussionen, weil man zwar die Antwort (das Ziel) vom Management vorgegeben bekommen hat, aber jeder hat implizit eine andere Frage und damit einen anderen Lösungsweg.

Fragen entstehen aus Konflikten (gedanklichen oder realen) und führen zu konkreten Antworten. Der umgekehrte Weg funktioniert nicht.

---

[22] In Anlehnung an Arnold, Frank (2010).

Prinzip 2: Fokussiere Konflikte

Im Übrigen stammt die Zahl 42 aus einem Klassiker der Science Fiction-Literatur, dem Roman „Per Anhalter durch die Galaxis" von Douglas Adams. Alle anderen Fragen sind falsch – oder etwa nicht?

Bei der Konfliktsuche im Bereich von Business-Erzählungen geht es aber nicht um alle möglichen Konflikte und schon gar nicht um die im zwischenmenschlichen Bereich. Es geht um antizipative Konflikte, die sich mit den Themen der Zukunft und des Wandels beschäftigen.

Strategisch relevante Konflikte betreffen Märkte (interne oder externe) in Kombination mit neuen Ideen und veränderten Rahmenbedingungen. Sie fokussieren sich auf Probleme, die bereits latent vorhanden sind, aber noch keine kommerzielle Relevanz oder noch keine adaptierte Umsetzung durch sich veränderte Rahmenbedingungen erfahren haben.

Wie kann man diese Themen finden?

Sehen wir uns einige Möglichkeiten der strategischen Konfliktfindung an.

Strategische Themen als Science Fiction-Fragen

Strategische Themen bzw. strategische Problemstellungen haben viel mit Science Fiction-Fragestellungen gemeinsam.

Science Fiction betrachtet oft aktuelle wissenschaftliche und technische Themen und verbindet diese mit relevanten gesellschaftlichen und individuellen Fragestellungen. Science Fiction-Autoren entwerfen daraus eine in die Zukunft projizierte Konstellation des Denkbaren und zeigen die möglichen Auswirkungen auf gesellschaftliches und individuelles Leben.

Jules Verne, H. G. Wells, aber auch Frank Schätzing und der deutsche Regisseur Roland Emmerich entwickeln (bzw. entwickel-ten) aus aktuellen Themen ein Szenario, welches Menschen fasziniert.

Dieser Ansatz wird auch zunehmend bei strategischer Themenfindung relevant, denn die technologischen Rahmenbedingungen führen zu vielen Geschäftsmodell-Änderungen und überraschenden Wettbewerbs-Konstellationen.

Ein weiterer sehr häufig verwendeter Ansatz der Science Fiction-Autoren ist der „Was wäre, wenn-Ansatz". Es ist eine kognitive Szenario-Entwicklung. Viele Autoren haben ein intuitives Gespür für thematische Strömungen, die aber zum Zeitpunkt der Beschäftigung mit dem Thema noch nicht Mainstream sind. Gerade weil Filmprojekte eine lange Umsetzungszeit – von der Idee zum tatsächlichen Produkt – haben, ist dieses Themengespür extrem wichtig.

Dieser Ansatz kann auch für Unternehmen eingesetzt werden, um strategische Themen zu entwickeln. Strategische Themen beschäftigen sich mit dem, was zukünftig möglich und wünschenswert ist.

Universum klein halten

Bevor man sich auf die Suche nach Konflikten begibt, muss man fokussieren.

Fokussieren ist wichtig, denn wer das ganze Universum erklären will, wird scheitern oder nur ganz wenige „Experten" erreichen. Allwissenheit führt zu Stillstand.

Wer überzeugende Themen finden und vor allem zu Lösungen antreiben möchte, der sollte sein Beobachtungs- und Gedanken-Universum klein halten.

Warum? Sehen wir uns folgendes Gedankenexperiment an.[23]

Angenommen die Idee des Managers bestünde darin, dass ein Roboter konstruiert werden solle, der Bälle fangen kann. Sehr häufig würde nach dem Prinzip der Allwissenheit vorgegangen. Es sollten möglichst alle Möglichkeiten, einen Ball zu fangen, berücksichtigt werden.

Versuchen Sie in einer Liste alle möglichen Variablen und Einflussfaktoren aufzustellen, die benötigt werden, damit der Roboter alle Bälle fangen kann: alle Flugbahnen, alle Einflussfaktoren auf die Flugbahn wie Windrichtung, Windgeschwindigkeit und Drall-Effekte.

Die Analyse und Sammlung aller Möglichkeiten würde mindestens Stunden, wenn nicht Tage oder Wochen dauern. Das Ergebnis wäre wahrscheinlich, auf die Umsetzung besser zu verzichten.

Das Universum klein zu halten bedeutet, eine relevante und vielleicht häufig vorkommende Flugbahn herauszugreifen und diese ins Zentrum der Entwicklung zu stellen. Dadurch ist es einfacher, die Idee zu vermitteln und einen konkreten Einstieg in die Problemlösung zu finden.

Diese Vorgehensweise wird als Heuristik bezeichnet.

---

[23] In Anlehnung an Gigerenzer, Gerd; Gaissmaier, Wolfgang (2006): S. 2

Was sind Heuristiken?

Heuristik bedeutet aus dem Griechischen übersetzt ungefähr „verbesserte Problemlösung". Es geht darum, mit begrenztem Wissen und wenig Zeit zu guten Lösungen zu kommen. Es sind Ideen, die unvollständig, aber nützlich sind.[24]

Die Zahl der Einflussfaktoren, die Menschen selbst bei einfachsten Entscheidungen berücksichtigen oder die berücksichtigt werden müssten, übersteigt unser Vorstellungsvermögen bei weitem.[25] Gerade Management- und Strategie-Modelle sind daher immer auch ein heuristischer Ansatz, der ein Gedankengerüst vermittelt und komplexe Zusammenhänge für Laien in einen verständlichen Zusammenhang bringt. Dies bedeutet aber nicht, dass man sich sein Leben als Strategie-Autor einfach machen sollte (siehe „Die stärksten Kräfte ins Feld führen").

Gute Erzähler verstehen, dass es heute wichtiger ist, stufenweise Entwicklungs- und Überzeugungs-Prozesse anzustoßen, statt die „eierlegende Wollmilchsau" zu präsentieren.

Wer alles sofort will, geht das Risiko ein, weniger vermitteln zu können und dadurch wenig Überzeugung zu erzielen.

---

[24] Gigerenzer, Gerd; Gaissmaier, Wolfgang (2006): S. 2
[25] Frick, Karin (2009): S. 146

Konflikte der Besten betrachten

Jahrzehntelang haben wir an Universitäten gelernt, dass man von den Besten lernen kann.

In fiktionalen Erzählungen entsteht die Spannung aber aus den Schwächen der Gegner. Diese sind jedoch schwer zu finden, deswegen ist das Publikum wach, weil es ebenfalls nach den Angriffspunkten sucht. Diese Suche aktiviert das kreative Potenzial des Strategie-Autors. Leider wird diese Perspektive selten eingenommen. Statt dessen wird der Marktführer auch als Blaupause für die eigenen Umsetzungen, als Benchmark, genommen.

Die Suche nach den Schwächen der „Helden der Märkte" kann sich aber lohnen. Steve Jobs suchte dort Schwächen, wo andere nur Chancen sahen. Als Napster Marktführer der sogenannten peer-to-peer Musiktauschbörsen war, wollten viele Unternehmen dieses Modell nachmachen und dann zu einem tragfähigen Geschäftsmodell transformieren. Bertelsmann stieg gar direkt bei Napster ein. Man war überzeugt, dass man die Plattform so umgestalten könne, dass aus kostenlosen Inhalten auf einmal bezahlpflichtige Downloads werden.

Steve Jobs hingegen suchte nicht das Positive an den Musiktauschbörsen, sondern listete die negativen Eigenschaften auf:[26]

• Äußerst unzuverlässige Downloads

• Äußerst unzuverlässige Qualität

• Keine Voranzeige

• Keine Coverbilder der Alben

• Illegale Raubkopien

---

[26] Gallo, Carmine (2011): S. 164

„Die meisten Leute beschäftigen sich nicht mit solchen Dingen. Sie denken nur an die Vorteile. Warum hat dieser Bereich einen solchen Zulauf? Weil es keine legale Alternative gibt, die auch nur einen Pfifferling wert wäre."[27]

Dieses Beispiel verdeutlicht, dass auf die impliziten Fragen damals keine Antworten vorhanden waren. Das dominante Umsetzungsmodell machte andere blind für die Schwächen der Plattformen.

Die Probleme der Besten auf die Agenda zu bringen, ist aus drei Gründen ein guter Erzählansatz:

1. Durch eine massenhafte Nutzung der Angebote gibt es bereits die Anwendungserfahrung vieler Menschen.

2. Wie überall machen die Menschen nicht nur gute Erfahrungen mit den Services und Produkten der Besten. Die Unzufriedenheit ist häufig nur latent vorhanden, weil es keine andere Lösung gibt. Je mehr Unternehmen denselben Ansatz fahren, umso weniger wird die latente Unzufriedenheit erkannt.

3. Da die meisten Manager gelernt haben sich an Marktführern zu orientieren, ist dies ein Anlass, Aufmerksamkeit durch Defamiliarization herzustellen. Bekanntes wird aus einem ungewöhnlichen Blickwinkel betrachtet.

---

[27] Gallo, Carmine (2011): S. 164

Die Suche nach dem Unwahrscheinlichen

Unwahrscheinliche Konflikte werden unterschätzt und immer häufiger ausgeblendet. Für gute Erzählungen und innovative Entdeckungen macht es Sinn, nach dem Unwahrscheinlichen zu suchen.

Das Unwahrscheinliche öffnet unserem Erzählhorizont einen kreativen Raum.

Gute Business-Erzählungen leben von Erwartungsbrüchen. Mit der Suche nach dem Unwahrscheinlichen fokussiert man den Erwartungsbruch. Es ist im Kern eine „Was wäre, wenn"-Frage: „Was wäre, wenn das Unwahrscheinliche eintreten würde?"

Was wäre, wenn schon nächstes Jahr jeder Berliner ein „Drive Now"-Kunde wäre?

Was wäre, wenn alle angebotenen Rabatt-Coupons eingelöst werden würden?

Eine ganze Reihe hoch relevanter Produkte setzten auf den Eintritt unwahrscheinlicher Ereignisse.

Die meisten Versicherungen setzen auf unwahrscheinliche Ereignisse, sonst würden sie wirtschaftlich gar nicht funktionieren. Airbags setzen darauf, dass sie von den meisten Autofahrern aller Wahrscheinlichkeit nach nie gebraucht werden.

Andere Produkte setzen wiederum genau umgekehrt auf die Hoffnung von Menschen, dass unwahrscheinliche Ereignisse eintreffen könnten. Glücksspiele bedienen die Hoffnung durch Zufall reich zu werden. Castingshows lassen Menschen glauben, jeder könne ein Star sein. Einige Unternehmen haben sich darauf spezialisiert, für Unternehmen Wetten abzusichern. Zum Beispiel gibt es Werbeaktionen der Mittelbayerischen Zeitung, bei der die Kunden ihr Anzeigenbudget zurückerstattet bekommen, wenn die

Temperatur an einem Stichtag über eine gewisse Gradzahl steigt. So wird aus einem unwahrscheinlichen Ereignis eine Marketing-Aktion für eine regionale Zeitung.

Das Unwahrscheinliche, aber dennoch Mögliche erhöht die dramatische Spannung und schafft kreative Impulse, auch für die Adressaten der Erzählung.

In jedem Business gibt es das Unwahrscheinliche, in jeder Branche gibt es die Ausnahme. Diese können ganz erstaunliche Ideen und Erzählungen ins Rollen bringen.

Frankenstein als Science Fiction-Konflikt

Der weltberühmte Roman von Mary Shelley „Frankenstein" ist eigentlich ein Science Fiction-Roman. Es geht darum, was passieren würde, wenn die Wissenschaft mit den Experimenten über die elektrische Leitfähigkeit menschlicher Körper diese tatsächlich zum Leben erwecken würde.

Beeinflusst wurde dieser Roman von Experimenten von Giovanni Aldini, der den Leichnam eines hingerichteten Doppelmörders mit Strom durchfließen ließ. Dadurch wurden bei der Leiche so heftige Muskelreaktionen hervorgerufen, dass anwesende Beobachter glaubten, der Hingerichtete sei zum Leben wiedererweckt worden.

Ausreißer finden

Ausreißer im Unternehmenskontext sind Zahlen, die von einer erwarteten Entwicklung abweichen. Dieser Konflikt handelt wiederum von einem Erwartungsbruch. Im Unterschied zum Konflikt des Unwahrscheinlichen handelt es sich hierbei um einen realen Erwartungsbruch – er ist bereits passiert.

Ausreißer aktivieren beim Auditorium Denkprozesse. Es wird versucht zu erklären, warum diese entstanden sind. Ausreißer sind häufig kognitive Dissonanzen, die man erzählerisch zu erklären versucht, damit wieder Konsistenz hergestellt wird. Deswegen erzeugen Ausreißer Aufmerksamkeit.

Unternehmer wie Steve Jobs, Phil Knight (Nike) oder Richard Branson (Virgin) sind Ausnahmen, nicht die Regel, aber eine ganze Menge an Literatur beschäftigt sich mit diesen „Ausreißern" als Vorlage für andere Unternehmen. Es wird narrativ erklärt, wie Steve Jobs die Smartphone-Branche revolutionierte, Phil Knight die Weltmarktführer Adidas und Puma vom Thron gestoßen hat und Richard Branson die Musikbranche veränderte.

Facebook, Apple, Virgin, Red Bull, Google oder auch Nike sind Ausnahmen. Diese Unternehmen haben entweder eine einzigartige Marktposition, eine einzigartige Markenwahrnehmung oder auch eine einzigartige Entwicklung hinter sich. Wie viele Unternehmen können Sie auflisten, die einen Marktführer innerhalb weniger Jahre verdrängt haben? Und wie viele, die es erfolglos versucht haben? Dennoch werden diese Ausnahmen tausendfach als Blaupausen für Unternehmenserzählungen genommen. Sehr selten wird hingegen versucht, im eigenen Unternehmen nach Ausreißern bzw. positiven Regelbrüchen zu suchen und diese zu einer spannenden Geschichte zu entwickeln.

Kann man den beobachteten und gefundenen Regelbruch erfolgreich wiederholen? Und wenn ja, wie? Das sind starke Erzählungen.

Daten-Konflikte suchen

In Andalusien sinkt beständig die Niederschlagsmenge. Ist das eine gute Geschichte? Es ist eine reine Information, ausgedrückt in Liter pro Quadratmeter pro Jahr.

Nun kann man Daten suchen, die aus der Information ein Problem entstehen lassen. Die Anzahl an Bewohnern Andalusiens steigt, ebenso wie die Anzahl an Golfplätzen zugenommen hat. Damit haben wir eine weitere Information, die aus dem Datensatz L/qm/Jahr einen Konflikt erzeugt: steigende Verbrauchsmenge an Wasser in dieser Region.

Dieser Konflikt der Daten erzeugt Fragen und eröffnet dadurch einen konkreten Lösungsraum.

Informationen sind wertlos, sofern keine Fragestellung aus den Daten extrahiert werden kann. Es muss nach einer dramatischen Prämisse in Daten gesucht werden. In vielen Projekten werden keine konfliktären Daten gesucht, sondern Daten nur rein deskriptiv vorgestellt. Deskription ist aber keine dramatische Erzählform, die eine Chance auf Anschlusshandlung eröffnet.

Werden aus Informationen Probleme, führen sie in die Erzählung ein.

Umsetzungs-Konflikte suchen

Hierbei wird gezielt nach Theorien und Umsetzungen gesucht, die sich widersprechen. Dies ist erneut die Suche nach dem schwarzen Schwan, als Einstieg in spannende Business-Erzählungen – hier allerdings nicht auf Daten-, sondern auf Konzeptebene.

Im Bereich des E-Commerce und digitaler Waren gibt es ein bekanntes Buch, das von einem sogenannten „Long Tail" spricht.[28] Der Autor Chris Anderson stellt die These auf, dass in der Internetökonomie die wenig verkauften Waren (zum Beispiel Bücher) langfristig einen größeren Teil des Umsatzes ausmachen würden als die „Blockbuster". Es ist also ratsam viele Produkte mit wenig Umsatz in das Sortiment aufzunehmen, statt sich auf Blockbuster zu fokussieren. Damit wird der sogenannten Pareto-Regel, besser bekannt als 80/20-Regel (80 Prozent des Umsatzes werden mit 20 Prozent des Sortimentes erzielt), widersprochen. Dies ist ein spannender Einstieg: Eine Theorie wird nicht lediglich übernommen, sondern so umformuliert, dass sie der These widerspricht.

Gerade das Modell des „Long Tail" wurde und wird im Rahmen vieler E-Commerce- und Publishing-Projekte umgesetzt, obwohl es in der Wissenschaft sehr kontrovers diskutiert wird.[29]

Widersprüchliche Thesen und das Aufzeigen widersprüchlicher Umsetzungen sind starke strategische Themen. Sie stoßen Denkprozesse auch bei den Stakeholdern an. Dieser Ansatz ist besonders hilfreich, wenn die Rahmenbedingungen unklar sind. Denn aus der Betrachtung der unterschiedlichen Ansätze lassen sich sehr gut die Rahmenbedingungen, unter denen diese Ansätze funktionieren, ableiten. Dies schafft für Umsetzungen konkrete Bezugs- und Kontrastpunkte.

---

[28] Anderson, Chris (2007)
[29] Elberse, Anita (2008): S. 32

Für Schnell-Leser: Fokus auf Konflikte richten

- Konflikte schaffen Aufmerksamkeit.

- Konflikte können latent vorhanden sein oder bewusst wahrgenommen werden.

- Konflikte können beobachtbare Probleme sein oder kognitive Problemstellungen ausdrücken.

- Konflikte und Probleme treiben jede Handlung von Erzählungen an. Keine Story ohne Konflikt.

- Konflikte sind Erwartungsbrüche, die überhaupt erst zu einer kreativen Fortführung eines Themas führen.

- Konflikte und Probleme werden zumeist nicht wahrgenommen, weil man es in Unternehmen für destruktiv hält. Stattdessen spricht man lieber von Lösungen.

- Lösungen ohne Konflikt haben keine Marktfähigkeit.

- Von Marktführern sollte man sich die negativen Dinge genauer ansehen, statt diese als reine Umsetzungsvorlage zu nehmen.

- Problemstellungen führen zu Fragen. Die Kernfragen sind:
  - Was wäre, wenn ...?
  - Wie können Schwächen anderer genutzt werden?
  - Wie kann man die Ausnahme zur Regel werden lassen?

Prinzip 3:
Grenze den Lösungsraum ein

6

Prinzip 3: Grenze den Lösungsraum ein

Business Narration ist nur der Anfang einer Geschichte. Es geht darum zu überzeugen und Handlung auszulösen. Man hängt eine Kartenskizze an die Türklinke der Mitreisenden und zeigt den ungefähren Weg.

Das Ziel ist, dass Stakeholder überzeugt werden und andere kreative und handwerkliche Kräfte sich auf die Reise begeben, um die genaue Lösung zu suchen, zu finden und umzusetzen.

Zuerst wird das Problem (der Konflikt) dargestellt. Im zweiten Teil wird dargelegt, wo die Lösung wahrscheinlich zu finden ist.

Die Problemstellung ist der eine Teil der Konkretisierung, das Aufzeigen des Lösungsraumes der andere Teil.

Um anderen die Stelle vorzugeben, muss man erst selber seinen Sucher einstellen. Lösungskompetenz verstärkt die Überzeugung, denn der Kommunikator (oder Erzähler) muss als kompetent erscheinen. Problem plus Lösung ist besser als nur eins von beiden zu präsentieren.

Eine gute Möglichkeit zum Einstieg in die Lösungssuche ist die Formulierung zentraler Fragen.

Je konkreter und besser die Problemstellung formuliert wurde, umso besser die Frage nach der Lösung und damit die Wahrscheinlichkeit, gute und effiziente Lösungen zu finden.

Wer profitiert von dem Problem?

In Krimis wird gefragt: „Wer profitiert von einem Mord am meisten?" „Wer hat ein Motiv zur Tat?"

Dieses Vorgehen wird sehr selten im Bereich der Entwicklung strategischer Konzepte angewandt.

Die meisten Manager fragen, gerade wenn Neuerungen oder grundlegende technologische Veränderungen auftreten, nach Umsetzungen und Lösungen in ihrer Branche. Man geht davon aus, dass Wettbewerber dieselben Probleme haben. Es wird die Frage gestellt: „Wer hat dasselbe Problem?"

Besser wäre die Frage: „Wer profitiert am meisten von diesem Konflikt?"

Viele Unternehmen haben weder einen Nachteil noch einen Vorteil, wenn neue Technologien auftauchen. Deswegen beschäftigt man sich zwar mit dem Themenfeld, aber nicht mit der notwendigen „Dramatik". Für diese Unternehmen verändern sich schlagartig die Wettbewerbsstrukturen. Oft ist es dann zu spät, um noch zu handeln.

Ein klassisches Beispiel ist die Zeitungsbranche im Bereich der Rubrikenmärkte (Autoanzeigen, Wohnungsinserate etc.).

Viele Jahre war das Geschäft mit Kleininseraten ein Handlungsfeld ohne Bedrohung, aber auch ohne Chance, große Umsätze zu generieren.

In einem Interview mit dem Autor äußerte Rüdiger Bartholatus, der Gründer von mobile.de, folgende Beobachtung:

„Nach meiner Beobachtung blieben die Verlage zu lange passiv, weil sich in den ersten Jahren mit einem Kleinanzeigenmarkt im Internet kaum Geld verdienen ließ, während die Kleinanzeigen in den Tageszeitungen noch sehr erhebliche Erträge abwarfen. Deshalb hatten die Onliner ein schlechtes Standing und konnten sich nicht so frei bewegen wie wir."

Verlage suchten eher, wie man das eigene Geschäft ins Internet übertragen kann und was die Branchenwettbewerber machen. Deswegen waren die meisten Ansätze nicht innovativ. Die Fragestellung, wie man schnell und vor allem günstig und qualitativ besser Autos verkaufen könne, hatte im Autohandel (und Rüdiger Bartholatus führte über Jahrzehnte einen erfolgreichen Autohandel) eine viel größere Relevanz. Bei Verlagen war es ein Umsatzstrom von mehreren, aber beim Autohandel traf diese Veränderung den Kern des Geschäftes.

Rüdiger Bartholatus führte dazu weiter aus:

„Es war auch klar, dass die per Internet angebotenen Informationen sehr viel mehr sein konnten als die im Print üblichen drei Zeilen Fließtext mit einer Sammlung von Abkürzungen. Hier hatte ja schon die ‚daz' (Anmerkung: eine nationale und internationale Anzeigenzeitschrift für Autoinserate) den Tageszeitungen die Autofotos voraus und eine erhebliche Bedeutung für den Autohandel erworben. Per Internet konnten Fotos, ausführliche Beschreibungen des Fahrzeugs und ebenso Informationen zum Anbieter an den Käufer vermittelt werden, und dies sofort weltweit ohne Druckkosten. Der Systemvorteil für den Zweck der Informationsvermittlung war also ganz klar und das System Internet musste über kurz oder lang den bestehenden Systemen den Rang ablaufen. Die Frage war eigentlich nur, welcher Internet-Automarkt die Nase vorn haben wird."

Der Autohandel hatte ein besseres Motiv, denn er konnte perspektivisch am meisten von der Technologie' profitieren. Bei Zeitungshäusern standen nur die Umsätze des Anzeigenmarkts auf dem Spiel.

Statt intern zu suchen, hätte man sich die Branche ansehen sollen, die am meisten profitieren würde. Es gilt die aktuellen Prozesse anzusehen und sich zu fragen, welche positiven Veränderungen aufgrund der neuen Technologien oder veränderten Rahmenbedingungen entstehen werden.

Wer hat das größere Problem?

Viele Lösungen werden zuerst dort eingeführt, wo der Konflikt ein großes Risiko bedeutet.

Die Frage nach dem größeren Problem kann zu sehr guten Lösungen für die eigene Umsetzung führen.

Wo zieht das Stolpern über ein Gerätekabel möglicherweise einen schweren Unfall nach sich? Zum Beispiel bei Küchengeräten. Zieht jemand einen Wasserkocher herunter, kann dies zu Verbrühungen führen. Dieses Problem tritt besonders dort auf, wo den ganzen Tag Kocher eingeschaltet sind, wie zum Beispiel im asiatischen Raum. Reiskocher sind den ganzen Tag in Betrieb.

Apple fand dort auch die Lösung des Problems für die MacBook-Stecker, die sich lösen, wenn man über das Kabel stolpert.

„Japanische Reiskocher wurden jahrelang mit magnetischen Schnappverschlüssen ausgestattet – aus einem einzigen Grund: um ein Überkochen zu verhindern."[30] Da ein Überkochen schlimme Folgen haben kann, war der Lösungsdruck größer als in anderen Branchen.

Apple adaptierte diese Lösung.

Wichtig ist, nicht in der eigenen Branche zu suchen, sondern den Lösungsraum bewusst zu verlassen. Dieses Vorgehen wird auch als die Suche nach Analogien oder Homologien bezeichnet.

Viele Unternehmen verlassen sogar den Wirtschaftsraum als Ganzes und suchen nach Lösungen von Problemen in der Natur. Dieses Vorgehen nennt man auch Bionik.

Zum Beispiel wurde bei der Lotusblüte beobachtet, dass deren Blätter eine hohe Selbstreinigungskraft haben. Dies führte in der

---

[30] Gallo, Carmine (2011): S. 126

Branche zur Entwicklung schmutzabweisender Oberflächen auf Basis der Vorgehensweise der Lotusblüte. Daher wird dieser Effekt auch Lotusblüteneffekt genannt.

Definition: Analogien und Homologien

Was sind Analogien und Homologien?

Ganz einfach: Die Flosse des Delfins ist eine Analogie und eine Homologie.

Die Hand des Menschen und die Bauchflosse des Delfins stammen vom selben Ursprung ab und sind sehr ähnlich gebaut (Handknochen, Finger, Anzahl der Glieder usw.), haben aber eine unterschiedliche Funktion. Dies wird Homologie genannt: derselbe Ursprung – andere Funktion.

Die Bauchflossen des Delfins und die Bauchflossen des Hais sind hingegen analog: dieselbe Funktion, fast identisches Aussehen, aber anderer Ursprung.

Diese Ausprägungen gibt es auch im Business-Bereich und der Einsatz von Analogien und Homologien verstärkt die Wiedererkennung und das Verständnis dessen, was man vermitteln möchte.

Zum Beispiel waren Musikverlage vor Erfindung des Schallplattenspielers Unternehmen, die Noten auf Papier gedruckt haben. Die Veränderungen der Technologien – erst die Schallpatte, dann der Kassettenrekorder und schließlich das mp3-Format – haben diese Branche einem evolutionären Druck unterzogen, der heute die Ursprünge nicht mehr erkennen lässt. Tatsächlich sind Musikverlage und zum Beispiel Zeitschriftenverlage aus einer gemeinsamen „Linie" entsprungen.

Das iPad von Apple und der Kindle Fire von Amazon sind hingegen Geräte analoger Art. Sie sehen zwar gleich aus, sind aber aus einer völlig anderen Logik und Historie entstanden. Das iPad stammt von einem Computer- und Software-Hersteller, der Kindle von einem Buchversender. Apple verdient Geld mit dem Verkauf des Gerätes, Amazon mit dem Verkauf von Inhalten.

Heute haben Google, Apple, Facebook und Amazon in sehr vielen Facetten ein ähnliches Geschäftsmodell (analoges Modell), das sich aber aus unterschiedlichen Ursprüngen heraus entwickelt hat.

Wann trat das Problem schon mal auf?

Zurückblicken scheint aus der Mode gekommen zu sein. Dabei kann sich der Blick zurück lohnen. Viele Lösungen werden zu früh erfunden oder für einen anderen Zweck und geraten deshalb wieder in Vergessenheit. Mit sich ändernden Rahmenbedingungen oder Nutzungsbedingungen entstehen auf einmal völlig neue Chancen für diese Lösungen.

Eines der bekanntesten Beispiele ist das Post-it von 3M. Eigentlich sollte ein Superkleber entwickelt werden, aber es kam nur eine Klebemasse heraus, die sich leicht auftragen und auch wieder entfernen ließ. Erst sechs Jahre später erinnerte sich ein Kollege des Erfinders wieder an den Kleber und setzte ihn als Haftzettel ein.[31] Apple bedient sich sehr gerne der Vergangenheit. Das Design vieler Apple-Produkte ist stark an das Design der deutschen Firma Braun aus den 1960er-Jahren angelehnt.[32] Aber auch Modedesigner bedienen sich immer wieder vergangener Modeepochen und interpretieren diese neu.

Das Prinzip, günstige Geräte und Maschinen abzuverkaufen, um Geld an Zusatzleistungen zu verdienen, ist von Rockefeller im Bereich der Öllampen eingeführt worden.

Heute ist dieses Prinzip wieder stark in Mode gekommen. Nespresso oder Amazon setzen auf dieses Prinzip, ebenso wie viele Mobilfunkanbieter das Konzept adaptiert übernommen haben: günstige Handys, verdient wird an den Daten und Voice-Services.

Zurückschauen ist wichtig, um innovative Lösungen zu finden.

---

[31] http://de.wikipedia.org/wiki/Klebezettel
[32] o.V. (2011)

Wer lebte zur falschen Zeit?

Eine große Quelle der Inspiration für Lösungen sind Erfindungen, die häufig als sinnlose oder dumme Erfindungen bezeichnet werden.

Diese Erfindungen waren häufig deswegen „dumm", weil die Rahmenbedingungen nicht passend waren und deswegen diese Erfindungen lächerlich erschienen.

Zum Beispiel wurde bei life.com unter dummen Erfindungen auch eine TV-Brille des Erfinders Hugo Gernsback aufgelistet. Bei der Vorstellung der Google Internet-Brille erkennt man heute, dass nicht die Erfindung dumm war, sondern die technischen Möglichkeiten und vor allem die Nutzungsgewohnheiten der Menschen (noch) nicht so weit fortgeschritten waren.

Daraus muss die Frage abgeleitet werden, ob sich die Rahmenbedingungen so verändert haben, dass aus dummen Erfindungen plötzlich innovative Lösungen entstehen können.

Für Schnell-Leser: Lösungsräume aufzeigen

- Gute Autoren suchen nach Lösungsansätzen für die aufgeworfenen Problemstellungen, die in einem logischen narrativen Zusammenhang stehen.

- Je klarer Konflikt und Lösung erzählerisch vermittelt werden können, umso größer ist die Wahrscheinlichkeit einer effizienten Umsetzung.

- Lösungen sollten mit Hilfe von Fragestellungen gesucht werden.

- Die Suche nach Lösungen und Antworten sollte außerhalb der eigenen Branche und des eigenen Unternehmens vorgenommen werden.

Prinzip 4:
Schaffe Wiedererkennung

7

Prinzip 4: Schaffe Wiedererkennung

Wiedererkennung ist ein wichtiges Mittel, um Verbundenheit zu erzeugen und zugleich eine emotionale Verankerung zu erzielen.

Ohne den Einsatz von Elementen, die Wiedererkennung auslösen, sinkt die Wahrscheinlichkeit, das Thema auf die strategische Agenda der Entscheidungsträger zu bringen. Ebenso wird es nicht möglich sein, andere kreative und handwerkliche Kräfte oder Mitarbeiter und Kollegen zum Handeln zu bewegen.

Zum Beispiel setzen die Autoren von den „Simpsons" konsequent auf Wiedererkennung. Es werden sehr viele bekannte Filme und Personen in die Folgen integriert und man erkennt typische, ja sogar stereotype Verhaltensweisen der Protagonisten wieder. Diese Elemente schaffen ein Gefühl der Verbundenheit.

Viele Menschen erkennen sich auch in der Suche von Richard im Roman „Der Strand" wieder. Es ist die Suche nach abgelegenen paradiesischen Stränden und die Bereitschaft, dafür auch ein kleines Wagnis einzugehen.

Menschen haben ein Wiedererkennungs-Gedächtnis. Sie tendieren dazu, bekannte Informationen unbekannten vorzuziehen und daraufhin Entscheidungen zu fällen.

Wie Wiedererkennung bei Entscheidungen hilft:

Werden bekannte Informationen bei der Entscheidungsfindung den unbekannten vorgezogen, ohne Wissen darüber, was die Informationen bewertbar macht, wird häufig auf eine Recognitionsheuristik zurückgegriffen.

Diese Wiedererkennungsheuristik besagt Folgendes: Wenn eines von zwei Objekten wiedererkannt wird, schließt der Betrachter, dass das wiedererkannte Objekt den höheren Wert bezogen auf das Entscheidungskriterium hat.[33]

---

[33] Gigerenzer, Gerd; Gaissmaier, Wolfgang (2006): S. 8

Welche Stadt hat mehr Einwohner: „Sydney" oder „Wollongong"? Sie werden wahrscheinlich richtig liegen. Sydney zählt mehr Einwohner. Die eine Stadt wird wiedererkannt, die andere nicht.

Die Bekanntheit der Stadt korreliert positiv mit ihrer Größe.

Daher ist der Einsatz von Wiedererkennung für Business-Erzählungen extrem wichtig. Je neuer und unbekannter das Thema im Kreis der Entscheidungsträger ist, desto wichtiger wird es, gezielt Inhalte der Wiedererkennung einzusetzen.

Welche Erzählelemente können hierfür entwickelt werden?

Wertveränderungen aufzeigen

Wertveränderung ist wichtig für Wiedererkennung und später auch für die Aufmerksamkeit.

Um welchen Wertewandel geht es im Roman „Der Strand"? Aus einem Paradies wird die Hölle, aus einer Gemeinschaft von Idealisten und Aussteigern wird eine Diktatur. Mit diesen Werten und deren Wandel schafft Alex Garland eine starke Wiedererkennung, eine starke Aufmerksamkeit sowie Bindung an das Thema. Und ganz nebenbei bedient er in perfekter Weise das Modell des Strebens nach Kontingenz. Deswegen funktionierte der Roman so exzellent.

Viele Menschen wollen ebenfalls ein Paradies abseits des Massentourismus finden. Und viele spielen mit dem Gedanken auszusteigen, ein Leben am Strand zu führen. Aber warum macht man es nicht? Weil es immer Gründe gibt, die einen davon abhalten. Der Roman bietet beides an:

1. Die Repräsentation des eigenen Wunsches auszusteigen und Abenteuer zu erleben.

2. Zugleich die Begründung, warum es am Ende nicht erstrebenswert ist.

„Auch bei den Aussteigern ist es nicht anders als bei mir am Arbeitsplatz."

Auch in Unternehmen spielen Werte und Wertewandel eine große Rolle.

Einfache Unternehmens-, Strategie- oder auch Projekt-Werte sind: alt und neu.

Diese Wertveränderung setzt zum Beispiel die Ansoff-Matrix ein. Alte Märkte und alte Produkte werden transformiert in neue Märkte und neue Produkte.

Aktuell relevantere Werte-Systeme im Rahmen von Strategien zur Mitarbeiter-Bindung und -Motivation sind unter anderem die Werte Unabhängigkeit und Selbstbestimmung.

Relevante Unternehmenswerte sind heute zudem: Ressourcen-Effizienz und Nachhaltigkeit. Unternehmen stellen dar, wie Produkte und Prozesse helfen, die Umwelt zu entlasten. Diese Werte müssen klar erkennbar sein und deutlich kommuniziert werden.

Auf der Google Website findet sich der Satz:

„Google is creating a better web that's better for the environment. We're greening our company by using resources efficiently and supporting renewable power. That means when you use Google products, you're being better to the environment."[34]

Der Nutzen entsteht nicht aus dem persönlichen Wert, sondern aus dem gesellschaftlichen Wertewandel.

Aber auch bei der Entwicklung neuer Produkte müssen Wertveränderungen aufgezeigt werden können.

Rüdiger Bartholatus, einer der Gründer von mobile.de, formulierte in einem Interview mit dem Autor drei Wertveränderungen, die durch die neue digitale Anzeigenplattform mobile.de erreicht werden sollten:

1. Senkung der Inseratskosten

2. Schnellere Übermittlung der Angebote an Kunden

3. Mehr Informationen als in Printmedien

Bei der MyTaxi-App sind es drei Werte aus Sicht der Fahrgäste und drei aus Sicht der Taxifahrer, die durch die App verändert werden:[35]

---

[34] http://www.google.de/green/
[35] Kommunikation auf der Website von MyTaxi

Prinzip 4: Schaffe Wiedererkennung

„Schnell, transparent und einfach", sagen die Fahrgäste.

Und aus Sicht der Taxifahrer:

1. Fahrgastanfragen direkt auf das Smartphone

2. Keine Zentrale

3. Keine monatlichen Fixkosten

Erst aus den semantischen Wertepaaren werden in einem zweiten Schritt Zahlen abgeleitet und dadurch ein quantitativer Aspekt hinzugefügt.

Google benennt entsprechend, dass die Datencenter von Google 50 Prozent weniger Energie verbrauchen als durchschnittliche Datencenter. Der quantitative Wert ist der CO_2-Ausstoß.

Unternehmen wie 3M benennen eine konkrete Anzahl an Arbeitsstunden als quantitativen Wert zu dem semantischen Wert: Freiraum. Bei 3M kann jeder Mitarbeiter 15 Prozent seiner Arbeitszeit für eigene Projekte aufwenden. Bei Google sind es sogar 20 Prozent.[36]

Wenn die Werte weder semantisch noch quantitativ benannt werden können, wird es zu keiner Verbundenheit des Auditoriums mit der Erzählung kommen. Der semantische Wert steht dabei vor dem quantitativen.

Aus Werten werden Daten-Geschichten – der Google Case

Will man sich ansehen, wie aus dem Wert „ressourcenschonend" erst Daten und dann bildhafte Erzählungen werden, kann man spannende Beispiele auf der Unternehmenswebsite von Google finden.[37]

---

[36] Gassmann, Oliver; Friesike, Sascha (2012): S. 128
[37] http://www.google.de/green/bigpicture/

Google vergleicht die Nutzung von eigenen Diensten und deren Energieverbrauch mit anderen bekannten Produkten, Leistungen und Anwendungen.

So wird berechnet, dass die Such-Server von Google pro User weniger Strom verbrauchen als eine Glühbirne in drei Stunden.

Wer Google-Dienste nutzt, schont die Umwelt. Aus Ressourcen-Verschwendung wird Ressourcen-Schonung.

Die Nutzung von Youtube für drei volle Tage verbraucht so viel Energie wie die Herstellung, Verpackung und Versendung einer DVD.

Gerade der Vergleich von Youtube mit einer DVD ist eine sehr starke Analogie, denn der identische Inhalt auf unterschiedlichen Datenträgern zeigt dem Leser auch klar den Vorteil von Youtube auf: Wer Youtube nutzt, statt DVDs zu kaufen, schont die Umwelt.

Ohne Werte sind die Daten wertlos.

Gute Erzähler zeigen den Wertewandel auf und machen damit deutlich, warum sich die Verfolgung der Suche nach der Lösung lohnt. Aus überfüllten Massenstränden wird eine entlegene private Strandidylle.

Opferbereitschaft integrieren

Entscheidungen zwischen „gut" und „böse" sind oft langweilig. Und auch in Unternehmen glaubt kaum ein Manager, dass ein Ziel ohne Opferbereitschaft erreicht werden kann.

Bei James Bond-Filmen wissen die Zuschauer, dass James Bond mit an Sicherheit grenzender Wahrscheinlichkeit nicht sterben wird, aber welche Opfer wird er bringen müssen, um das Böse zu besiegen? James Bond wird immer wieder vor die Wahl gestellt und wir leiden mit bei diesen Entscheidungen.

Opferbereitschaft ist eine fundamentale Erfahrung von Menschen und deswegen erkennen wir uns wieder, wenn Opfer gebracht werden müssen. Daher sollte veranschaulicht werden, welche Entscheidungen getroffen werden müssen und was im Rahmen der Umsetzung hintangestellt werden sollte.

Strategie ist vor allem das, was man sein lässt.

Dinge wegzulassen, Themen nicht umzusetzen, Prioritäten umzuverteilen und Features zu streichen, um das Ziel zu erreichen, löst emotionale Bindung durch Wiedererkennung aus.

Bei Präsentationen sollten daher die Konsequenzen der Handlung und die Notwendigkeit dieser Entscheidung hervorgehoben werden.

Mängel Ihres Lieblingsprodukts oder Ihrer Marke

Die meisten Produkte, die wir jeden Tag besonders gerne anwenden, verfügen über viele Anwendungen nicht, die man bei einer objektiven Auflistung dieser Produkte angeben würde. Besonders damit eine „Time-to-Market"-Fähigkeit hergestellt wird, verzichten gute Produkte auf Produktmerkmale.

So hatte das iPad 1 keine Kamera. Die Smarts von car2go haben keine Servolenkung. easyJet hat keine Sitzplatzreservierung, Air Berlin keine Business Class auf Europa-Flügen.

Suchen Sie nach Merkmalen, die geopfert wurden, um die Kernidee des Produktes oder der Dienstleistung nicht zu gefährden. Meist ist es gerade der Verzicht, der zu starken Produkten führt. Genauso entstehen überzeugende Business-Erzählungen – Opfer verstärken Wiedererkennung.

Individuelle Massen-Erfahrungen verwenden

Das Theorie-Modell über den „Long Tail" wurde bereits erwähnt. Dieses Buch war ein absoluter Bestseller, obwohl die darin entwickelte Theorie von der US-amerikanischen Professorin Anita Elberse mit vielen Beispielen und Analysen widerlegt worden ist.[38] Dennoch zählt es im Bereich von digitalen Projekten zu einer häufig umgesetzten Produkt- und Portfolio-Strategie. Warum?

Dies hat mit der Verbindung von Beobachtungen und persönlichen Erfahrungen der Menschen zu tun.

Wir alle kennen das Glücksgefühl, wenn wir Dinge finden, die außergewöhnlich und selten sind und nicht den Mainstream repräsentieren. Diese Erfahrungen machen Menschen auf Flohmärkten, in Antiquariaten und auf Reisen in entlegenen Einkaufsstraßen. Amazon und eBay haben diesen Ansatz zu ihrem zentralen Geschäftsmodell gemacht: Immer mehr Waren werden zugänglich, weil Anbieter und Nachfrager auf einer Plattform zusammenkommen.

Die eigene „Nischen-Erfahrung" wird auf einmal zu einem Geschäft. Und deswegen muss die These des „Long Tail" stimmen.

Der Autor Chris Anderson verbindet eine individuelle, aber massenkompatible Erfahrung mit Umsetzungsbeispielen und schafft so „Wahrheit" für die Leser. Wiedererkennung und Verfügbarkeit (Amazon und iTunes bieten Millionen von Waren und digitalen Produkten an) werden zu einem zentralen Thema verbunden.

Die Gründer der virtuellen Taxi-Vermittlungszentrale MyTaxi setzen ebenfalls auf die Kraft der individuellen-massenkompatiblen Erfahrung. Sie erzählen die Entwicklung der Idee aus einem Er-

---

[38] Elberse, Anita (2008): S. 32 ff.

lebnis in München. „Als die beiden Hamburger nach einer Kneipentour mitten in der Nacht durch Münchens Innenstadt stolperten und eine halbe Stunde lang kein Taxi (…) fanden, war ihnen klar: Das muss schneller und bequemer gehen. Eine neue Geschäftsidee war geboren."[39]

Da viele Menschen ein ähnliches Erlebnis gehabt haben werden, trotz der großen Anzahl an Taxen in vielen Städten, kann man sich leicht vorstellen, dass das eine gute Idee ist, die sogar wirtschaftlich funktionieren kann.

---

[39] o.V. (2012)

Metaphern entwerfen

Metapher bedeutet im Wortursprung Übertragung und ist eine rhetorische Figur, bei der ein Wort in einer übertragenen Bedeutung gebraucht wird. Im Rahmen von Präsentationen wird fachspezifisches Wissen in etwas allgemein Bekanntes überführt.

Je weiter das Auditorium von dem spezifischen Fachwissen entfernt ist, umso stärker muss metaphorisch erzählt werden. Gerade da heute dem Top-Management immer weniger Zeit für einzelne Entscheidungen zur Verfügung steht, auf der anderen Seite immer mehr Entscheidungen unter immer unsicheren Rahmenbedingungen zu treffen sind, wird es wichtiger, eine schnelle Wiedererkennung der Erzählung herzustellen. Metaphern sind ein wichtiges Mittel hierfür.

Sie können sehr gut aus Analogien und Homologien abgeleitet werden. Analogien benötigen dabei weniger Transformations-Aufwand, da die Funktion dieselbe ist (Magnetverschluss-Reiskocher und MacBook-Stecker) und sich der Zusammenhang schnell erschließt. Bei dem Einsatz von Homologien wird hingegen mehr erzählerisches Talent benötigt, da mehr Fachwissen transformiert werden muss.

Ranga Yogeshwar beherrscht diese Übertragung von Spezialwissen in allgemein verständliche Beispiele extrem gut. Nach der Katastrophe von Fukushima erklärte er den Vorgang der Kernschmelze an Hand eines Tauchsieders und eines Wasserglases.

Auch im Rahmen von CEO-Präsentationen können Metaphern helfen, wie folgendes Beispiel zeigt:

Im Rahmen eines Web-Shop-Relaunch-Projektes für einen Shopping-Club wurde folgende Metapher gewählt:

„Ihr Online-Shop funktioniert wie ein Supermarkt, in dem man die Kunden erst einkaufen lässt, um ihnen an der Kasse mitzuteilen, dass der Einkauf nur für Mitglieder möglich ist. Der potenzielle Kunde wird wieder hinausgeschickt, um dort einen Mitgliedsantrag zu stellen. Dann muss er seinen Einkauf von Neuem beginnen. Es wäre besser ihn direkt an der Tür hinzuweisen, dass er erst Mitglied werden muss oder ihm den Antrag schnell und einfach auch an der Kasse erstellen zu lassen. Egal welche Umsetzung gewählt wird, die heutige führt zu frustrierten Interessenten."

Die meisten Zuhörer waren mit fachspezifischem Vokabular im Bereich E-Store und E-Commerce nicht vertraut. Deswegen wurde der Shopping-Club in die reale Welt überführt, wenngleich es derartige Supermärkte nicht gibt. Die Zuhörer konnten sich in die reale Situation besser hineinversetzen.

Von Flüssen, Kurbelwellen und Gemüseläden

Metaphern findet man überall im Rahmen von Unternehmenserzählungen.

Der Name des Unternehmens Amazon.com ist sogar eine Metapher. Der Name versinnbildlicht das Ziel des Unternehmens. Amazon.com will der größte Internet-basierte Warenfluss der Welt werden. Dieser Warenfluss wird von unzähligen kleinen und großen Zuflüssen (Partnern) gespeist.

Steve Jobs verglich 1980 den Macintosh mit einem kurbellosen Volkswagen Käfer. Damit zeigte er, dass der Macintosh funktional, anwenderfreundlich und massenkompatibel ist. Er verband den evolutionären Sprung in der Automobilbranche vom Start mit einer Kurbel hin zu dem Start per Schlüssel mit dem Auto, welches als erstes massenkompatibel war: dem VW Käfer.[40] Auch dieses Bild ist fiktional und assoziativ, denn den Käfer gab es nie mit Kurbelwelle.

---

[40] Gallo, Carmine (2011): S. 130

Prinzip 4: Schaffe Wiedererkennung

> Jack Welch, langjähriger CEO von General Electric (GE), verglich GE mit einem Gemüseladen, obwohl GE mit über 200.000 Mitarbeitern in zahlreichen Ländern der Welt in einer anderen Liga spielt. Aber dies ermöglichte Jack Welch eine einfache Botschaft zu vermitteln: Es geht darum ein Unternehmen genauso persönlich zu führen wie einen Gemüseladen, in dem man jeden Kunden kennt.[41]

---

[41] Byrne, John A. (1998)

Für Schnell-Leser: Wiedererkennung einsetzen

- Menschen haben ein Wiedererkennungs-Gedächtnis. Bekanntes wird bei Entscheidungen vorgezogen.

- Wiedererkennung macht eine Verbindung des Publikums mit dem Thema erst möglich.

- Wiedererkennung schafft Bedeutung und Akzeptanz, man kann sich in das Problem und die Lösung hineinversetzen.

- Metaphern sind hilfreich, um Wiedererkennung des Problems und der Lösungen zu verbessern.

- Der Einsatz individueller Massen-Erfahrungen ist ebenfalls wichtig.

- Die Darlegung der Wertveränderung, die mit der Lösung einhergeht, hilft das Thema zu verinnerlichen.

- Opferbereitschaft aufzuzeigen ist ein weiteres wichtiges Inhaltselement zur Verankerung der Botschaft beim Zielpublikum.

Prinzip 5:
Extrahiere Inhalte, die sich verbreiten

8

Prinzip 5: Extrahiere Inhalte, die sich verbreiten

Aus einer Idee wird ein Thema, das verbreitet werden und sich selbst verbreiten muss. Nur so werden die eigenen Ideen auf die strategische Agenda gelangen.

Je mehr Menschen über eine Idee sprechen, umso größer wird die Wahrscheinlichkeit, dass es auch zu einer Präsentation und zu einer ernsthaften Auseinandersetzung kommt. Dies hat mit zwei ganz wesentlichen Faktoren zu tun.

1. Die Verfügbarkeit eines Themas verbessert die Fähigkeit, Gedächtnisinhalte abzurufen. Dies wiederum wirkt sich positiv auf Entscheidungen aus. Menschen neigen dazu, das als Lösung einzusetzen, was (mental) verfügbar ist.[42] Je häufiger also ein Thema auftaucht, desto einfacher wird es für Entscheidungsträger, darauf zurückzugreifen. Diesen Effekt kann man auch als Google-Effekt bezeichnen. Je weiter ein Thema verbreitet wird und je mehr Menschen darüber sprechen, desto stärker wird es in den mentalen Suchergebnissen gelistet. Dies führt dazu, dass man beginnt, sich dafür zu interessieren.

2. Die meisten Mitarbeiter sind weder Befürworter noch Gegner von strategischen Ideen. Um diese träge Masse der neutralen und beobachtenden Mitarbeiter zur Umsetzung zu bewegen, muss es gelingen, Promotoren für die eigene Idee zu gewinnen.[43] Überzeugung wird so Stück für Stück entwickelt.

Die Verbreitung des Themas schafft und verstärkt die Überzeugung und leistet dadurch die Vorarbeit für spannende und interessante, somit auch erfolgreiche Präsentationen, egal in welcher Situation diese stattfinden. Aber auch im Nachgang zu Präsentationen helfen gute und verbreitungsfähige Inhalte mehr Promotoren für das eigene Thema zu gewinnen. Verpacken Sie Ihr stra-

---

[42] Tversky, Amos; Kahneman, Daniel (1974): S. 1127
[43] Gassmann, Oliver; Friesike, Sascha (2012): S. 122

tegisches Thema entsprechend handlich, damit andere es weitertragen und zu dem Verbreitungs-Effekt beitragen können.

Die Verfügbarkeits-Heuristik

Werden Thesen oder Themen häufig wiederholt oder sind sie besonders präsent, fällt es dem menschlichen Gehirn leichter, darauf zuzugreifen.[44] Die Lösung ist einfach schnell präsent. Dieses Phänomen wird als Verfügbarkeits-Heuristik bezeichnet.

Dabei wird die Verfügbarkeit eines Ereignisses mit der Wahrscheinlichkeit des Eintretens gleichgesetzt. Das Risiko eines Herzinfarktes kann dadurch eingeschätzt werden, dass Vorfälle im Bekanntenkreis gedanklich betrachtet werden.[45]

Ähnliches passiert im Businessbereich. Da Plattformen wie Google, Facebook, Twitter und Co. oft als erfolgreich besprochen werden, sind sehr viele Unternehmen auf den Plattformen aktiv. Erfolg wird aus diesen Angeboten abgeleitet. Andere ähnliche Plattformen werden gar nicht in Betracht gezogen, obwohl diese zur Erreichung der eigenen Ziele sogar besser eingesetzt werden könnten.

Wer überzeugen möchte, sollte es schaffen möglichst häufig ins bewusste Gedächtnis von Entscheidungsträgern zu gelangen.

Insofern gilt der Spruch „Willst Du gelten, mach Dich selten" für Überzeugung durch Business-Erzählungen nicht. Das Thema muss omnipräsent werden.

---

[44] Dobelli, Rolf (2011): S. 46
[45] Tversky, Amos; Kahneman, Daniel (1974): S. 1127

Substanz extrahieren

Die Business-Erzählung muss in ein Format überführt werden, welches einfach abzurufen und weiterzuerzählen ist. Ein Film, der nicht in wenigen Sätzen zusammengefasst werden kann, wird kaum anschlussfähige Kommunikation erzeugen.

Welche Elemente muss man daher zusammenpacken, damit das Thema schnell und interessant vermittelt werden kann? Sehen wir uns den Einstieg in dieses Buch an, die Zusammenfassung des Romans „Der Strand" von Alex Garland: Was fehlte bei der Zusammenfassung, damit man den Roman in die Hand nimmt und weiter liest? Die Andeutung des Wertewandels, der im Laufe der Geschichte eintreten wird.

„Als er den entlegenen Strand entdeckt, glaubt er am Ziel seiner Träume angekommen zu sein: (...) Doch plötzlich zeigt der Strand sein wahres Gesicht – und entpuppt sich als eine grausame Hölle, die alles zu vernichten droht."[46]

Nun will man es wissen. Was passiert genau und wie sieht eine Hölle an einem paradiesischen Strand aus?

Der Verweis auf den Wertewandel muss in jede Zusammenfassung hinein (Paradies/Hölle), denn sonst bleibt die Zusammenfassung nur deskriptiv. Sie wird nicht dramatisch narrativ.

Der Unterschied zum aufgezeigten Beispiel „Der Strand" besteht in Business-Erzählungen darin, dass diese ein gutes Ende als Zielsetzung haben. Die Hölle sollte nicht das Ziel der Reise der Manager sein. Aber auch im Business geht es um Wertewandel und um den Kampf, der geführt werden muss, um wünschenswerte Ziele, wie Gewinn, Anerkennung, Aufmerksamkeit oder Markenbekanntheit, letzten Endes zu erreichen.

---

[46] Schmidt, Rainer (2005): Buchrücken-Text

Wer eine kurze verbreitungsfähige Zusammenfassung seiner Business-Erzählung entwerfen möchte, muss die Substanz der Erzählung extrahieren:

1. Problemstellung

2. Andeutung der Lösung

3. Wertewandel, der sich im Laufe der Erzählung vollziehen wird oder alternativ (und dramatischer), der eintreten kann, wenn nicht gehandelt wird.

Die inhaltliche Anordnung ist beliebig und die einzelnen Punkte können ausgeschmückt werden.

Gerade im Bereich von Marketing-Kommunikationen werden diese Elemente häufig gut erkennbar formuliert.

Ein Beispiel findet sich auf der Website von car2go, eines sehr innovativen Mobilitätskonzeptes von Daimler und Europcar.

Text auf der Website	Element
car2go ist ein revolutionäres Mobilitätskonzept, das ungeahnte Möglichkeiten in der innerstädtischen Fortbewegung bietet. Immer überall einfach einsteigen und losfahren. Um mehr müssen Sie sich keine Gedanken machen.	Lösung
Durch car2go wird das Verkehrsvolumen von Berlin effizienter, schneller und mit weniger Fahrzeugen bewegt.	Zentrale Problemstellung
Der Verkehr in der Innenstadt wird entlastet, was der Umwelt, der Stadt und schließlich jedem Einzelnen zugute kommt.	Werteveränderung und Wiedererkennung

Prinzip 5: Extrahiere Inhalte, die sich verbreiten

Auch bei car2go erkennt man den zentralen Wert: Ressourcen-Schonung und damit Umweltentlastung. Es geht nicht um den Wert „Status", sondern um einen Wert, der gesellschaftlich anerkannt ist und mit dem sich immer mehr Menschen gerade in Metropolen identifizieren, also wiedererkennen können.

Gute Zusammenfassungen vermitteln die Substanz der Erzählung in einigen wenigen Sätzen. Dadurch fällt es auch anderen leicht, diese zu transportieren.

Die Idee in einem Satz

Die Substanz der Erzählung kann noch weiter reduziert werden: in einem einzigen Satz.

In diesem Satz sollte Bekanntes mit Neuem verbunden werden. Dieser eine Satz kann auch als LogLine bezeichnet werden.

Der weiße Hai des Weltraums

Drehbuchautoren und Filmemacher setzen sogenannte LogLines ein, um für das Thema Interesse zu wecken. Diese LogLines verbinden dabei häufig bekannte Themen und Begriffe mit der Neuartigkeit der Umsetzungsidee. Der Regisseur Ridley Scott, der Ende der 1970er-Jahre kurz vor seinem Durchbruch in Hollywood stand, soll mit der LogLine „Jaws in space!" – zu deutsch „Der Weiße Hai im Weltraum" – die Entscheidungsträger und Investoren des Filmstudios für das Projekt begeistert haben.[47]

Starbucks verwendet häufig als LogLine den Satz:

„Starbucks ist der dritte Aufenthaltsort zwischen Arbeitsplatz und Zuhause."[48]

Bei der Einführung des iPhones wurde der Satz formuliert: „Apple reinvents the phone."

Auf der car2go-Seite steht: „Das erste eigene öffentliche Verkehrsmittel." Öffentliche Verkehrsmittel kennt jeder, aber was ist ein eigenes öffentliches Verkehrsmittel?

Ein Mobiltelefon kannten die meisten, aber wie kann man es neu erfinden?

---

[47] Hays, Matthew (2003)
[48] http://www.starbucks.com/about-us/our-heritage

Prinzip 5: Extrahiere Inhalte, die sich verbreiten

Und jeder kennt die Begriffe Zuhause und Arbeitsplatz, wie sieht ein Platz dazwischen aus?

Die genannten Beispiele sind auch sehr metaphorisch und lassen im geistigen Auge Bilder entstehen.

Gute LogLines schaffen innere Bilder und müssen nicht unbedingt durch beeindruckende Bildwelten überzeugen. Vielfach wird versucht, die inhaltliche Schwäche vieler Erzählungen durch imposante Bildwelten und Infografiken zu überdecken. Besser ist es starke bildhafte Erzählungen zu entwerfen, aus denen sich innere, mentale Bilder entwickeln.

Modelle einsetzen

Neben LogLines ist die Übertragung der Erzählung in Modelle ein gutes Hilfsmittel, um die Verbreitung zu fördern. Modelle im Business-Kontext sind mentale Landkarten, auf die andere zurückgreifen können. Modelle sind Heuristiken, die die Idee und das Thema vereinfacht repräsentieren. Modelle reduzieren die Komplexität und geben einen visuellen und gedanklichen Rahmen. So wird auch die Verfügbarkeit des Themas verbessert.

Je einfacher das Modell, umso einfacher kann darauf zurückgegriffen und umso einfacher kann dies auch verbreitet werden.

Wie und warum Unternehmensberatungen Modelle entwickeln

Der Bonner Managementprofessor Dietmar Fink stellt in seinem Buch „Management Fieldbook: Die Ansätze der großen Unternehmensberater" den Prozess und den Grund der Entwicklung von Managementkonzepten und Modellen dar.[49]

Die Konzepte der großen Unternehmensberatungen sind Gedankengerüste, die die Grundlage bilden mit potenziellen oder tatsächlichen Mandanten über deren Probleme zu diskutieren, sie neugierig zu machen und so zu einem Beratungsauftrag zu bewegen (der Sprung in die Handlung). Die in den Konzepten und Modellen beschriebenen Ideen und Leitbilder reichen aber nicht aus, um die spezifischen Probleme der Mandanten zu lösen. Sie sind nur der Einstieg, sozusagen der erste Akt.

Die Konzepte werden durch Bücher, Artikel und Vorträge verbreitet in der Hoffnung, dass sich immer mehr Stakeholder, Wissenschaftler und Berater in den Diskurs einmischen. So entsteht eine Art sich aufschaukelnder Prozess, dem sich potenzielle Kunden immer schwieriger entziehen können.

---

[49] Fink, Dietmar (2004): S. 14

Die erdachten Modelle und Methoden dienen dabei vornehmlich der Sinnstiftung im Rahmen meinungsbildender Diskussionen und reduzieren so für Manager die Entscheidungskomplexität.

Wege-Modelle, Herausforderungs-Modelle und Matrizen sind häufig verwendete Vorlagen. Inzwischen werden auch häufiger sogenannte Akronym-Modelle eingesetzt.

1. Wege-Modelle

Modelle, die einen Weg aufzeigen, repräsentieren die mentale Landkarte des Autors. Man folgt einem mehr oder weniger linearen Weg vom Anfang bis zum Ende.

Da narrative Strukturen eine Zeitstruktur umfassen (also einen Anfang, eine Mitte und ein Ende haben), sind diese Modelle einfacher zu merken. Ein klassisches Beispiel dieses Typs ist die grafische Abbildung des Businessplans: Maßnahmen und Planungen werden zeitlich strukturiert abgebildet und dargelegt.

Wasserfall-Modelle im Projekt-Bereich zählen ebenso zu diesen Modellen. Auch hier wird von einer zeitlich logischen Abfolge von Maßnahmen ausgegangen.

Unternehmens-Visionen werden gerne als ein Weg zu einem Horizont dargestellt. Visuell werden dafür gerne reale Wege oder Schiffe auf dem offenen Meer eingesetzt.

Kreis-Modelle, wie auch zu Beginn das Erzählmodell von Richard Vogler, gehören ebenso zu dieser Kategorie.

2. Herausforderungs-Modelle

Modelle, die Herausforderungen in den Mittelpunkt stellen, werden im Rahmen der Strategie-Vermittlung gerne eingesetzt. Diese Modelle führen zumeist die Idee der Konflikt-Fokussierung weiter und visualisieren diese. Es werden „Lücken" oder Hindernisse, die es zu überwinden gilt, gezeigt. Auch diese Modelle haben, durch die offensichtliche zeitliche Maßnahmenabfolge, eine ganz starke narrative Struktur.

Klassische visuelle Darstellungen sind Brücken, die das Jetzt mit der Zukunft verbinden, oder Berge, die überwunden werden müssen. GAP-Analysen und Szenario-Modelle sind typische Beispiele aus dem analytisch-statistischen Bereich. An Hand einer bestehenden (oder prognostizierten) Lücke zwischen Ist und Soll wird die Relevanz des Themas verdeutlicht.

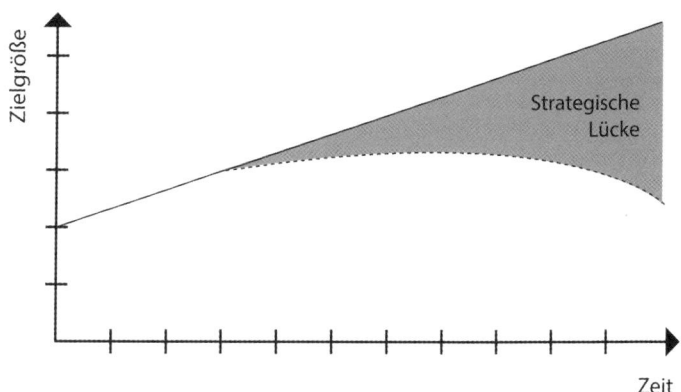

Abbildung 6: GAP-Analysen als Herausforderungs-Darstellung

Aber auch Treppen-Darstellungen, Pyramiden- und Trichter-Grafiken sind Modelle, die Herausforderungen aufzeigen.

3. Matrizen-Modelle

Matrizen-Modelle sind die am schwierigsten zu entwerfenden Modelle, wenngleich sie häufig eingesetzt werden. Gute Matrizen-Modelle beschreiben ein abhängiges und dynamisches Wertesystem. Matrizen sind nicht zeitlich strukturiert, obwohl sie meist eine implizite Zeit-Achse enthalten.

Prinzip 5: Extrahiere Inhalte, die sich verbreiten

Die Grundlogik von abhängigen und dynamischen Matrizen lässt sich an Hand eines Flugzeugs darstellen.

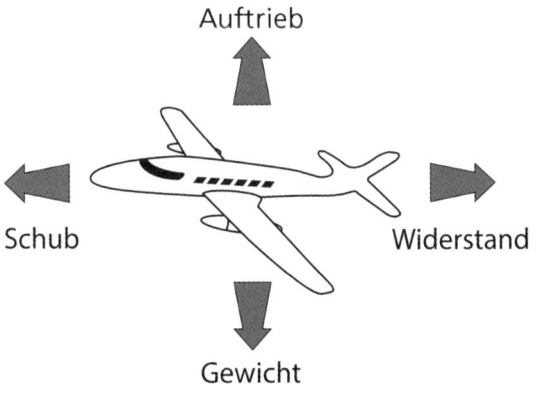

Abbildung 7: Matrix-Modell (© get4net -– Fotolia.com)

Die Werte, welche die Flugfähigkeit beeinflussen, sind der Auftrieb im Konflikt mit dem Gewicht. Schub steht im Konflikt zum Widerstand. Durch die Verortung im so entstehenden Koordinatensystem (der Matrix) kann dann die Flugfähigkeit für einen bestimmten Ausgangsfall (zum Beispiel geringes Gewicht) bestimmt werden.

Wiederum erkennt man die heuristische Vorgehensweise. Es wird von einem Ausgangsfall ausgegangen und das Koordinatensystem bildet nur den Zusammenhang der Flugfähigkeit ab, keine weiteren möglichen Betrachtungsobjekte, wie Reichweite oder Störeinflüsse.

Alle Modelle, aber ganz besonders Matrizen-Darstellungen sind daher auch immer heuristische Modelle, die eine bestimmte Idee repräsentieren, die zur Lösung einer Perspektive dienen. Matrizen im strategischen Sinne müssen eine Korrelation aufweisen, weshalb der Einsatz dieser Modelle sich gerade bei Zielgruppen lohnt, die stark rational überzeugt werden müssen. Allerdings ist die Entwicklungszeit auch entsprechend hoch, da die Wertpaare und Korrelationen aus fundierten Analysen und Beobachtungen hergeleitet werden müssen.

Zudem sollten Matrizen-Modelle mit möglichst metaphorischen Begriffen ausgestattet werden, damit sich das Modell auf einfache Weise narrativ erschließt.

Von Sternen, die zu Kühen werden

Die BCG-Matrix setzt auf die Vermittlung eines komplexen Modells durch den Einsatz von einfachen Symbolen.

Fast jeder, der einmal die BCG-Matrix gesehen hat, kann dieses Modell ungefähr aus dem Kopf aufmalen. Denn es werden metaphorische Symbole in der Matrix eingesetzt und in einen Zusammenhang gestellt.

Die Melkkuh und der arme Hund sowie der Star und das Fragezeichen sind einprägsame Begriffe, die die Idee des jeweiligen Feldes in genialer Weise transformieren.

Stars sind bekannt und machen Geld, sind aber auch pflegeintensiv und damit teuer. Melkkühe kosten wenig und bringen viel, es wird nur das aufgewandt, was den Ertrag sicherstellt. Arme Hunde sind weder bekannt, noch sind sie besonders ertragreich. Und von den Fragezeichen weiß man noch nicht, wohin die Reise gehen wird.

Implizit steckt eine Zeitachse in dem Modell, denn es stellt sich die Frage, wie sich die einzelnen Geschäftsfelder oder Produkte entwickeln: vom Star zur Melkkuh?

Die Einfachheit der Darstellung des Modells (das in Wirklichkeit ein extrem komplexes Gedanken- und Analyse-Gerüst umfasst) ist genial und wird daher auch noch immer gerne als Modell für Strategie-Erzählungen eingesetzt.

---

4. Akronym-Modelle

Kennen Sie das AIDA-Modell? Es ist ein sogenanntes Akronym-Modell.

Aus den Anfangsbuchstaben der Wörter Attention, Interest, Desire und Action wird ein eigenständiges phonetisches Wort „AIDA" gebildet. Dieses Akronym stellt zugleich ein Modell dar, das vorgibt, wie im Rahmen von Werbung vorgegangen werden muss, um eine Käufer-Aktion zu stimulieren.

Akronyme, die ein phonetisches Wort bilden, eignen sich hervorragend für eine gute Verbreitungsfähigkeit.

Gerade heute sind Akronyme durch die Kommunikation über Chats und SMS sehr beliebt geworden und gehen immer stärker in die Alltagskommunikation ein; so steht „LoL" für „Laughing out loud". Akronyme erzeugen Aufmerksamkeit, denn man will wissen, was hinter der Abkürzung steht.

Auch Unternehmensberatungen setzen auf Akronyme, die Modelle repräsentieren.

So entwickelte die Unternehmensberatung Gartner ein „STREET-Modell".[50] Das Modell beschreibt, wie man den sogenannten „Hype-Cycle" meistern kann. Das Akronym „STREET" steht für:

SCOPE

TRACK

RANK

EVALUATE

EVANGELIZE

TRANSFER.

---

[50] Gutberlet, Martin (2009): S. 21

Gartner verbindet ein visuelles Modell, welches eine zeitliche Struktur abbildet (Hype-Cycle), mit einem normativen Modell (STREET), welches als Handlungsaufforderung über diesen Hype-Cycle gelegt wird. Damit steigt die erzählerische Kraft deutlich an, denn aus dem deskriptiven Modell wird durch die Ergänzung eine dynamische Business-Erzählung.

Prinzip 5: Extrahiere Inhalte, die sich verbreiten

Für Schnell-Leser: Elemente der Verbreitung

- Überzeugung entsteht selten durch einmalige Präsentation.

- Die Verbreitung relevanter Inhalte hilft Themen auf die Agenda des Managements oder der Stakeholder zu heben. Je verfügbarer ein Thema ist, umso besser die Chance als relevant angesehen zu werden.

- Das Thema und die Ideen sollten in eine kurze und klar strukturierte Zusammenfassung gepackt werden, damit Zuhörer und mögliche Promotoren leicht darauf zugreifen können.

- Die Reduktion auf einen einzigen Satz ist der Königsweg des Agendasettings.

- Modelle sind geeignet, dem Thema einen klaren Rahmen zu geben und so die mentale Abrufbarkeit zu verbessern. Gerade erfolgreiche Unternehmensberatungen entwickeln Modelle, die komplexe Analysen und Theorien in einfache Strukturen überführen.

- Beliebte Modelle sind Matrizen-, Wege- und Herausforderungs-Modelle. Stark im Kommen sind sogenannte Akronym-Modelle.

Prinzip 6:
Entwerfe eine starke narrative Struktur und erzähle sie

9

Prinzip 6: Entwerfe eine starke narrative Struktur und erzähle sie

Aus dem Autor wird am Ende der Erzähler. Das Thema ist entwickelt und idealerweise hat es sich bereits verbreitet. Nun soll es zu einer ausführlicheren Darlegung des Themas kommen. Egal, wo das Thema vermittelt wird – im Fahrstuhl, beim Essen, im Meeting-Raum – und egal mit Hilfe welcher Medien es vermittelt wird – auf der Serviette, auf Flipcharts, Whiteboards oder epischen Powerpoint- oder Keynote-Präsentationen – der Erzähler führt interessant und aufmerksamkeitsstark durch die Inhalte, die er als Autor entwickelt hat.

Vorsicht: Technische Medien wie Powerpoint oder Keynote könnten den emotionalen Gehalt einer Business Story zerstören; der Erzähler sollte deshalb erzählerische Stilmittel einsetzen.

Aufmerksamkeit und Interesse müssen immer hergestellt werden können. Wem das nur gelingt, wenn der Beamer läuft, die Fenster abgedunkelt sind und das Abspielen von Videos klappt, der wird seine Chancen auf Überzeugung dramatisch verringern. Gerade, wenn durch technische Probleme klar wird, dass der Erzähler nur dann performt, wenn andere Medien funktionieren, sinkt die wahrgenommene Kompetenz des Botschafters.

Stil- und Strukturmittel des Erzählers sind im Wesentlichen die Selektion und Strukturierung der Inhalte. Diese stellen die klar erkennbare Perspektive des Autors auf das Thema dar.

Struktur und Geschichte

Jede Erzählung hat zwei Seiten. Die eine Seite ist die Struktur und die Anordnung der inhaltlichen Elemente. Die andere Seite ist die Geschichte als Ganzes, das Thema, welches durch die Anordnung und Struktur enthüllt und dargelegt wird.

Diese zwei Seiten kann man auch als Differenz von Erzählen und Erzähltem (das, um was es geht) beschreiben.[51]

Koschmieder, Annette (2011): S. 17f.

Prinzip 6: Entwerfe eine starke narrative Struktur und erzähle sie

Wer überzeugen will, muss beide Seiten beherrschen. Die beste Erzählstruktur ist wirkungslos, wenn der Inhalt nicht gut ist. Umgekehrt bringt das interessanteste Thema nichts, wenn die Art des Erzählens langweilig und wenig aufmerksamkeitsstark ist.

Der häufig auftauchende Begriff des Storytellings bezieht sich fast immer auf die Strukturierung und Anordnung von Inhalten, also die Art, wie man erzählt.

Klare Perspektive vermitteln

Der Erzähler vermittelt die Sichtweise auf das Thema. Der Autor entwickelt sie.

Die Erzählperspektive ist das finale wichtige Element, das Wiedererkennung ermöglicht. Das Auditorium versteht die Sicht und kann sich gegebenenfalls mit dieser Sichtweise verbinden. Die Perspektive sollte, unabhängig davon, welche Elemente der Geschichte in konkreten Präsentationen und Vermittlungssituationen herausgegriffen werden, identisch bleiben.

Sie können davon ausgehen, dass strategische Überzeugungsarbeit nicht mit einer Präsentation abgeschlossen sein wird; es ist essenziell, dass man immer die gleiche Perspektive auf das Thema wirft und so Stück für Stück Promotoren gewinnt, die wiederum die Botschaft verbreiten. Wichtig: Konsistenz der Perspektive schafft dauerhafte Identifikation.

Ein Leben aus verschiedenen Perspektiven

Werden biographische Stoffe als Vorlage für Filme oder Bücher gewählt, sind die Perspektive auf das Leben der Person durch den Autor und dann die Vermittlung durch den Erzähler entscheidend.

Diese Perspektive zeigt die Bedeutung und weckt damit Interesse bei einem Zielpublikum. Das Leben John F. Kennedys wurde mehrmals zum Zentrum fiktionaler Erzählungen.

Im Film „J.F.K. – Tatort Dallas" geht es um das Attentat, ein anderes Mal geht es um die Erlebnisse Kennedys als Kommandant auf einem Schnellboot während des Zweiten Weltkrieges (Patrouillenboot PT 109) und im Film „Thirteen Days" wird Kennedys Handeln während der Kubakrise thematisiert.

Ein Leben, drei Perspektiven, die alle einen anderen Blick auf dieselbe Person werfen. Der Erzähler bleibt in gewisser Weise neutral und vermittelt dennoch einen ganz klaren Standpunkt.

Selektieren

Die Zeit ist gekommen, um aus Masse Klasse werden zu lassen. Und das bedeutet Selektion: Welche Inhalte, Daten, Zahlen und Fakten, Metaphern, Analogien sollen herausgenommen und vorgestellt werden?

Die Selektion ist abhängig vom Zielpublikum und dem Kontext. Deswegen gibt es auch nie die „eine Präsentation", sondern es gibt immer nur die „eine Perspektive", die mit verschiedenen Selektionen dargestellt werden kann. Man kann die Selektion der Daten, Metaphern und Beispiele variieren, aber der Standpunkt sollte unverändert bleiben.

Das Zielpublikum sitzt in völliger Dunkelheit und der Erzähler beleuchtet auf einer Leinwand die einzelnen inhaltlichen Spots. Die Punkte, die beleuchtet werden, sollten stets Fragen stellen und Antworten darauf geben. Dies ist das erste Selektionskriterium.

Fragen führen das Auditorium und die Zielgruppen und halten bei richtiger Selektion die Aufmerksamkeit hoch.

Der Erzähler gibt Antworten auf Fragen. Am Ende dürfen keine selbst aufgeworfenen Fragen offen bleiben.

In seiner Präsentation des „New iPad", wirft Tim Cook immer wieder Fragen auf. Exemplarisch sollen einige von ihnen vom Beginn der Präsentation abgeleitet werden.

- Was ist die Post-PC-Revolution?
- Welche Produkte bietet Apple für dieses Segment an?
- Wie viele dieser Geräte wurden 2011 verkauft?
- Warum ist Apple so erfolgreich in diesem Segment?[52]

---

[52] Analyse der Keynote von Tim Cook auf der WWDC2012 auf Youtube

Der zweite Aspekt der Selektion ist die Überprüfung nach dem Wertewandel-Prinzip.

Die Relevanz von Werten und der Änderung, die sie durchlaufen, wurde bereits im Rahmen der Wiedererkennung eingeführt. Aber es gibt nicht nur den „großen" Wandel, der zeigt, was sich am Ende der Reise verändert haben wird, sondern auch bei der Auswahl von Fragen sollte überprüft werden, ob diese einen (kleinen) Wertewandel auslösen.

Sehr häufig werden Daten und Fakten präsentiert, die allgemein bekannt oder ganz einfach selbst zu recherchieren sind. Es sind rhetorische Fragen, aber keine, die einen Wandel beim Publikum auslösen. Gute Erzähler selektieren hingegen nur die Inhalte, die einen Wert aus Sicht des Publikums verändern können.

Zurück zum Beispiel von Tim Cooks Präsentation. Die Frage „Welche Produkte bietet Apple an?" wäre für die meisten Zuhörer auf der WWDC2012 Konferenz eine rhetorische Frage gewesen. Die Frage „Was ist die Post-PC-Revolution?" bringt aber auch in die zweite Frage (Welche Produkte bietet Apple in diesem Segment an?) einen Wertewandel. Die Zuhörer wissen es nicht genau. Interessant ist damit auch die Antwort, weil Apple iPods in die „Post-PC-Ära" einordnet im Gegensatz zu den hauseigenen MacBooks. Damit wird zugleich die Frage aufgeworfen: „Welche Konsequenzen ergeben sich daraus für MacBooks?"

Diese Selektion ist spannender, als bekannte Geräte von Apple vorzustellen.

Spannende Fragen mit interessanten Antworten, die beim Publikum einen Wert verändern, helfen Aufmerksamkeit zu erzeugen, da sie kognitive Prozesse anstoßen. Das muss Ziel bei der Selektion sein. Daher sollte der Erzähler sich lieber auf wenige spannende Fragen fokussieren, als viele rhetorische Fragen zu stellen.

Hierfür kann es hilfreich sein, eine Liste zu erstellen, in die der gewollte Wandel mit Frage und Antwort eingetragen wird.

Wert vorher	Wert nachher
bedeutungslos	interessant
unbekannt	neu
bekannt	anders
unbewusst	bewusst
rational	emotional

Visuelle Ankerpunkte entwerfen

Auf Fragen des Publikums sollte der Erzähler eingehen und frei antworten können; dies vermittelt Glaubwürdigkeit und eine starke Überzeugung. Da die Beurteilung der Kompetenz des Kommunikators auf seiner Fähigkeit beruht, die wichtigsten Fragen frei stellen und beantworten zu können, ist dies ein wichtiger Aspekt einer überzeugenden Kommunikation (Hoveland-Modell). Ausgehend von den Fragen und den zentralen Antworten werden für das Publikum relevante visuelle Ankerpunkte entworfen.

Diese lassen sich immer einsetzen, egal ob man die Chance hat mit Medien (Datenträgern) wie Powerpoint, Prezi.com, Keynote zu arbeiten oder nur ein Flipchart oder ein Stück Papier zur Hand hat.

Visuelle Ankerpunkte sind keine Charts. Es sind Worte, Bilder, Grafiken oder Modelle, die das Gesagte verstärken und auf einen Punkt bringen.

Es sollten jeweils möglichst nur drei Punkte oder unterschiedliche Bilder sowie Grafiken präsentiert werden.

Und entgegen oft praktizierter Unternehmensrealität sind Charts keine visuellen Ankerpunkte, wenn sie zu viele Informationen enthalten.

Am Beispiel der Vorstellung des iPhones von Steve Jobs lässt sich der Zusammenhang von gesprochenem Text und visuellen Ankerpunkten gut darstellen.[53]

---

[53] Abschrift des Vortrages durch den Autor. Der Vortrag von Steve Jobs ist u.a. bei YouTube zu sehen.

Gesprochener Text von Steve Jobs	Visueller Ankerpunkt auf der Leinwand
„Let me talk about a category of things. The most advanced phones are called smart-phones – so they say. And they typically combine a phone plus some e-mail-capabilities, plus – they say – it's the internet; so the baby-internet, into one device.	Smartphone Phone + E-Mail + Internet
And they all have these plastic little keyboards on them. And the problem is, that they are not so smart and they are not so easy to use.	Smartphone QWERTY keyboard
So if you kind of make a business school one-o-one graph with a smart-access and an easy-to-use-access, phones, regular cell phones, (…) are not so smart and not so easy to use …"	

Es wird nicht in Charts gedacht, sondern in passenden visuellen Ankerpunkten, die das Gesagte untermauern, nicht ersetzen oder duplizieren.

Prinzip 6: Entwerfe eine starke narrative Struktur und erzähle sie

In den meisten Fällen würde das Chart so aussehen:

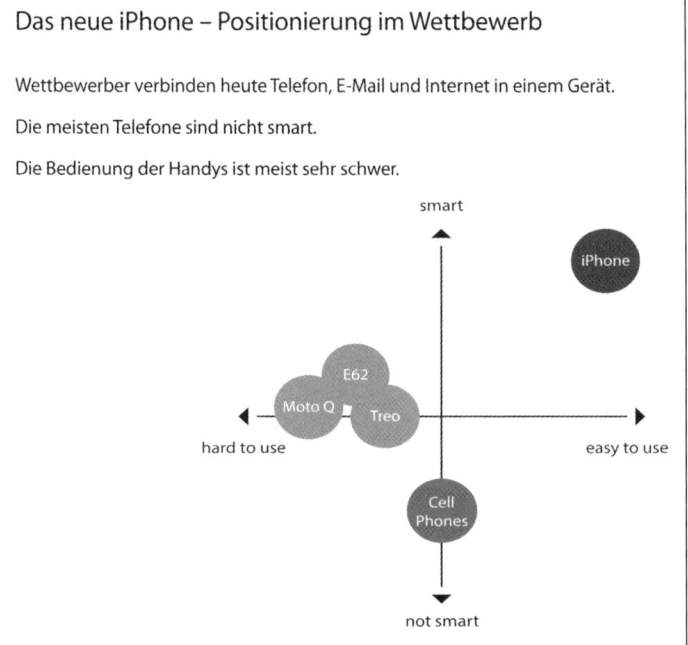

Über dieses Chart würde mindestens fünf Minuten gesprochen. Fast immer wird dabei aus dem Gezeigten das Gesagte abgeleitet. Das Publikum kann mit einem Blick die Informationen erfassen und damit sinkt die Aufmerksamkeit sofort. Der Redner wiederholt das, was der Zuhörer bereits kennt. Charts sollten nur dann so aussehen, wenn sie als selbsterklärende Dokumente erstellt und nicht mündlich vermittelt werden.

Ansonsten gilt: Der gesprochene Text und die visuellen Ankerpunkte müssen einander verstärken. Deswegen sollten die Ankerpunkte immer nacheinander enthüllt werden, statt vollgepackte Charts zu projizieren.

Zoom in – zoom out

Es gilt, mit dem Thema zwei Zielgruppen zu erreichen: die Elaborierten und die weniger Involvierten. Hierfür können Zoom-Effekte hilfreich sein.

Zoom-Effekte zeigen zuerst einen breiten Informationsraum auf, der mit interessanten Daten, Zahlen und Fakten den Weg zur Aussagen- oder Thesenformulierung bereitet.

Anschließend erfolgt der Zoom auf die Schlussfolgerung, die aus den Informationen und Daten abgeleitet wird.

Der Zoom wird in wenigen Ankerpunkten fokussiert. Optimal sind drei Punkte, die die Schlussfolgerung formulieren. Möglich ist auch ein zentraler oder prägnanter Satz: „We call it the iPad« – auf diesen zentralen Satz läuft die Einführung von Steve Jobs bei der iPad-Vorstellung hinaus.

Der Informationsraum gibt genügend Futter für die Elaborierten, der Zoom-Effekt holt die weniger Elaborierten ins Boot.

Der Zoom-Effekt kann auch die Enthüllung der visuellen Ankerpunkte sein, während weitergehende Informationen nur verbal vermittelt werden. Dadurch müssen sich die eher involvierten Zuhörer stärker konzentrieren und die wichtigsten Informationen mitschreiben. Mit der Enthüllung der visuellen Ankerpunkte als Zoom-Effekt wird die Aufmerksamkeit wieder bei denen geweckt, die sich bei der umfassenderen Herleitung ausgeklinkt haben. Werden Studienergebnisse im Rahmen von Präsentationen eingesetzt, bietet sich diese Vorgehensweise optimal an.

Nachdem der Erzähler auf die relevanten Punkte eingegangen ist, zoomt er wieder hinaus und öffnet den Gedankenhorizont erneut.

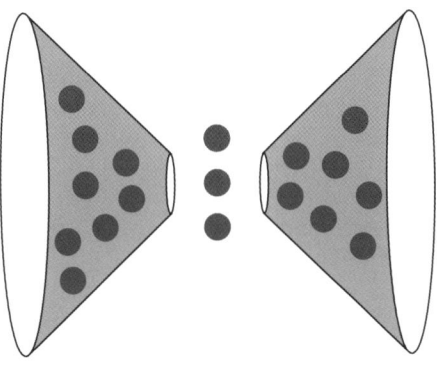

Abbildung 8: Zoom-Effekte

Zoom-in mit Prezi.com

Aufmerksamkeitsstarke Zoom-Präsentationen können mit dem Präsentationstool prezi.com erzeugt werden. Hier können sehr eindrucksvolle Flash-Präsentationen erstellt werden. Die Plattform und Software kann ohne jegliche Programmier- oder Grafik-Kenntnisse schnell und effizient eingesetzt werden.

Interessante Anordnung vornehmen

Interessante Anordnungen erhöhen die Aufmerksamkeit und damit die Chance auf Annahme der Botschaft.

Dieser Effekt entsteht, indem die Fragen und deren Beantwortung auseinandergezogen und neu angeordnet werden, statt diese fortlaufend aneinanderzureihen.

Explizit gestellte oder implizit entstehende Fragen werden nicht direkt beantwortet, sondern erst später wieder aufgegriffen. Da Fragen uns neugierig machen, bleibt die Aufmerksamkeit bestehen, weil man auf die Antwort wartet. Man darf den Zeitbogen allerdings nicht überspannen, da sonst Enttäuschung entsteht.

Innovative Hollywood-Anordnungen

Die meisten Filme, die fiktionale Stoffe behandeln, sind zeitlich linear angeordnet. Quentin Tarantino hat 1994 mit dem Film „Pulp Fiction" eine neue Ära nicht linearer Handlungsverläufe in Filmen ausgelöst. Die Handlungsverläufe werden zeitlich non-linear angeordnet und verwirren den Zuschauer zuerst. Damit wird das narrative Gedächtnis sehr stark beansprucht, weil der Zuschauer versucht, die Handlung wieder in einen zeitlich linearen Strang zusammenzusetzen.

Eine ebenso innovative Anordnung hat Christopher Nolan in seinem Film „Memento" vorgenommen. Die Handlung verläuft komplett rückwärts. Der Film beginnt mit dem Ende und wird dann linear, aber für unser Gehirn falsch herum erzählt.

Es lässt sich nicht verhindern, dass das Gehirn die Geschichte am Ende wieder in eine „richtige" Zeitstruktur bringen möchte.

Innovative Anordnungen helfen Aufmerksamkeit zu erzeugen und regen das Gehirn zum Mitdenken an.

Prinzip 6: Entwerfe eine starke narrative Struktur und erzähle sie

Eine weitere Spielart spannender Anordnungen besteht darin, das Auditorium bewusst auf eine falsche Fährte zu locken. Krimis und Thriller nutzen dieses Stilmittel sehr häufig, um das Rätsel, wer der Mörder oder Verräter ist, möglichst lange aufrechtzuerhalten. Im Rahmen von Business-Erzählungen lässt sich eine abgeschwächte Variante dieses Stilmittels gut einsetzen.

Die Fährte kann im Wesentlichen aus drei inhaltlichen Elementen gelegt werden:

1. Aus Ansätzen, die man als Autor selbst erst vielversprechend fand, dann aber wieder verworfen hat (stärkste Kräfte ins Feld führen).

2. Aus der Darlegung eines Worst-Case-Szenarios, ohne es aber zu Beginn als solches zu benennen, sondern erzählerisch in das Desaster einzuführen.

3. Durch die Darstellung von Themen, Features oder Ansätzen, die geopfert werden müssen. Hierzu nimmt man nur den Aspekt heraus, von dem man selber überzeugt ist, dass er geopfert werden muss.

Diese Fährte wird in wenigen Schritten gelegt und wieder aufgelöst, indem man zeigt, warum es sich nicht um die „richtige" Richtung gehandelt hat. Häufig werden Szenario-Analysen enthüllt, um bereits im nächsten Moment darzustellen, dass es verschiedene Szenarien gibt, anstatt diese Stück für Stück zu entwerfen und wieder zu verwerfen.

Eine interessante Anordnung verankert die Themen wesentlich besser im narrativen Gedächtnis des Auditoriums.

Ironie als Auflösung falscher Fährten

„Everybody uses a laptop and a smartphone.

And the question is arisen lately, is there room for a third category of device in the middle, something that's between a laptop and a smartphone?

And of course we've pondered this question for years as well.

The bar is pretty high!

In order to really create a new category of devices, those devices are gonna have to be far better at doing some key tasks, they gonna have to be far better at doing some really important things (…).

If there's gonna be a third category of device, it's gonna have to be better at these kinds of tasks, than a laptop or a smartphone. Otherwise it has no reason for being.

Now, some people have thought that's a netbook.

PAUSE

The problem is …

PAUSE

netbooks aren't better at anything."[54]

Steve Jobs führt auf eine falsche Fährte, indem er auf Netbooks verweist. Durch die Pause, die er lässt, entsteht eine kurze, aber deutlich erkennbare Fährte. Könnte es sein, dass Apple etwas Ähnliches wie ein Netbook präsentiert? Die Fährte wird durch Ironie aufgelöst.

---

[54] Abschrift des Vortrages durch den Autor. Der Vortrag von Steve Jobs ist u.a. bei Youtube zu sehen.

Lücken lassen

Durch Hinzufügen oder bewusstes Entfernen von Details kann ein Erkennen intendiert werden.[55] Das bedeutet:

Wir schließen Lücken slbr.

Zum Beispiel, wenn man, wie bei dem letzten Wort des vorangegangenen Satzes, die Vokale weglässt.

Vielen Menschen fällt es nicht einmal auf, dass die Vokale fehlen, unser Gehirn ergänzt diese einfach.

Das Gehirn schließt die Lücken durch Einbau von Vorwissen.

Dies geschieht sowohl visuell als auch gedanklich. Lücken bewusst entstehen zu lassen, damit das Auditorium diese schließt, ist ein wichtiges Stilmittel, um die Botschaft besser zu verankern. Das fehlende Teil, welches der Zuhörer selber einsetzt, wird er nicht so schnell vergessen, weil er selber auf die Lösung gekommen ist.

Dabei darf das Detail nicht zu klein sein, so dass man es unbewusst ergänzt, aber auch nicht zu groß, so dass die Lösung zu lange dauert.

Auch eine erzählerische Pause ist eine Lücke. Diese kann wie eine inhaltliche oder visuelle Lücke eingesetzt werden. Der Zuhörer erfasst während der Pause das Gesagte und zugleich entsteht Aufmerksamkeit. Pausen und Lücken sind Erwartungsbrüche. Führt der Erzähler eine Pause ein, werden seine Zuhörer aufmerksam, denn dies entspricht nicht die Erwartung. Deswegen muss die Pause erkennbar sein, ohne rhythmisch (also im Takt der Erwartung des Publikums) eingesetzt zu werden. Dies würde wiederum

---

[55] Födisch, M. Schuster, G. (2006)

eine Erwartungshaltung auslösen, welche die Wirkung dieses Stilmittels ad absurdum führen würde.

Visuelle Lücken und Pausen während des Sprechens haben einen weiteren Effekt: Es wird ein gedanklicher Flashforward beim Publikum erreicht. Man stellt sich die Frage, wie es weitergeht oder wie die Lösung aussehen könnte. Dieser Effekt verlängert die Aufmerksamkeit, man möchte wissen, ob der eigene Gedankengang richtig war.

Exakt darauf wird bei dem Einsatz von Werbepausen in Filmen oder Quizshows gesetzt.

Starke Einstiege finden

Starke Einstiege werden durch starke implizite Fragen beim Publikum ermöglicht. Ein guter Einstieg ist dann erreicht, wenn die implizite Frage entsteht:

„Was hat das mit dem Thema zu tun?" oder „Was hat das zu bedeuten?"

Die erste Frage sollte als Erwartungsbruch eingesetzt werden. Denn genau das zeichnet jede gute Geschichte aus. Innerhalb des ersten Viertels muss ein Bruch des linearen Geschehens stattfinden.

Einen Erwartungsbruch kann man sehr gut mittels Analogien und Metaphern herstellen.

„Was hat ein Reiskocher mit dem Problem des Stolperns über ein Ladekabel zu tun?"

„Was hat eine Lotusblüte mit Geschirr zu tun?"

Oder durch einen interessanten und neuen Begriff wie der „Post-PC-Ära" oder dem „STREET-Ansatz".

Neues und Unerwartetes sollte an den Anfang gesetzt werden. Die erste Frage ist der mentale Anker, den man auswirft. Die Frage entwickelt dann einen Spannungsbogen.

Was hat Social Media mit Öl zu tun?

Im Rahmen eines Vortrages wurde zu Beginn ein Video gezeigt, welches den unterschiedlichen Einsatz von Öl darstellte, von der Förderung bis hin zur Integration in Plastik und als Treibstoff. Im Auditorium saßen vor allem Chefredakteure von Zeitungen. Der Vortrag behandelte das Thema „Social Media in Zeitungsverlagen".

Was hat Öl mit Social Media zu tun?

Social Media ist ein Rohstoff, kein Produkt; so wie Öl in ganz verschiedenen Produkten enthalten ist, steckt Social Media in den meisten Prozessen und Produkten von Medienunternehmen. Es ist jedoch für die wenigsten Verlage möglich, daraus direkt Produkte herzustellen. Vielmehr muss der Rohstoff in neue Maschinen eingefüllt werden, damit diese besser laufen als je zuvor. Medien dürfen sich nicht mit der „ölverarbeitenden Industrie" wie Facebook oder Google vergleichen, denn diese produzieren den Rohstoff.

Der Erwartungsbruch sollte eng mit dem Thema verbunden sein. Es ist überflüssig, mit Bildern und Anekdoten zu beginnen, die nicht zu einer klaren Auflösung durch Integration in das strategische Thema führen. Bleibt die Frage offen, wird der Erwartungsbruch also nicht logisch aufgelöst, wird das Publikum sich vielleicht die Präsentation merken, aber nicht die richtige Botschaft.

Es geht bei Business Fiction um zielgerichtete Aufmerksamkeit, nicht um Aufmerksamkeit um jeden Preis.

Aus Ideen werden Themen und diese führen durch überzeugende Vermittlung zum Handeln.

AUS IDEE WIRD LEBEN!

Für Schnell-Leser: Narrative Struktur entwerfen

- Struktur und Selektion der Inhalte sind der eigentliche Akt des Erzählens. Bei der Entwicklung von Inhalten geht es hingegen um die Geschichte als Ganzes: also um das, was erzählt wird.

- Eine klar erkennbare Perspektive ist für die Akzeptanz und Verbreitung der Erzählung extrem wichtig, weil im Rahmen verschiedener Präsentationen auch unterschiedliche Inhalte dargestellt werden können. Daher muss die Perspektive stets dieselbe bleiben.

- Selektion von Inhalten muss nach einem Frage-Antwort-Prinzip vollzogen werden und nach dem Wertewandel-Prinzip. Es dürfen keine rhetorischen Fragen gestellt werden.

- Statt in Charts sollte in visuellen Ankerpunkten gedacht werden. Diese verstärken das Gesagte statt zu duplizieren.

- Visuelle Zoom-Effekte bedeuten, aus einem großen Lösungsraum konkrete Punkte argumentativ abzuleiten. Damit werden beide Zielgruppen erreicht, die der Elaborierten und der weniger Elaborierten.

- Eine interessante Anordnung der Inhalte führt zu langer Aufmerksamkeit. Interessante Anordnungen sind nicht lineare Erzählverläufe oder falsche Fährten, die man legt.

- Lücken zu lassen, ist ein wichtiges Erzählmittel, um die Botschaft zu verankern. Lücken können visuelle, textliche oder sprachliche Lücken sein.

- Gute Einstiege verlängern die Aufmerksamkeit. Gute Einstiege sind häufig rätselhafte Fragen.

Literaturverzeichnis

Anderson, Chris (2007): The Long Tail – Der lange Schwanz: Nischenprodukte statt Massenmarkt – Das Geschäft der Zukunft. München

Arnold, Frank (2010): Management – Von den Besten lernen. München

Barry, David; Elmes, Michael (1997): Strategy Retold: Towards a narrative view of strategic discourse. In: *Academy of Management Review* 1997, V22, #2: 429

Burkhart, Roland (1995): Kommunikationswissenschaft. Grundlagen und Problemfelder. Umrisse einer interdisziplinären Sozialwissenschaft. Wien, Köln, Böhlau

Byrne, John A. (1998): How Jack Welch runs GE
http://www.businessweek.com/1998/23/b3581001.htm

Dobelli, Rolf (2011): Die Kunst des klaren Denkens. München

Dreyer, Jeffrey H.; Gregersen, Hal B.; Christensen, Clayton M. (2009): The Innovator's DNA. In: Harvard Business Review
http://hbr.org/2009/12/the-innovators-dna/sb2

Eisenführ, Franz; Weber, Martin (2002): Rationales Entscheiden. Berlin

Elberse, Anita (2008): E-Commerce: Das Märchen vom Long Tail. In: Harvard Business Manager 8/2008. S. 32-43

Field, Syd (2010): Das Drehbuch – Grundlagen des Drehbuchschreibens. Berlin

Fink, Dietmar (2004): Management Consulting Fieldbook: Die Ansätze der großen Unternehmensberater. München

Frick, Karin (2009): Das Ende der Modelle. In: Krogerus, Mikael; Tschäppler, Roman (2009): 50 Erfolgsmodelle: Kleines Handbuch für strategische Entscheidungen. Zürich

Literaturverzeichnis

Födisch M; Schuster G. (2006): Wenn der Schein trügt – Gesetz der guten Fortsetzung
http://www.focus.de/wissen/mensch/illusionen/wenn-der-schein-truegt_aid_23074.html

Gallo, Carmine (2011): Was wir von Steve Jobs lernen können – Verrückt querdenken – Strategien für den eigenen Erfolg. München

Gassmann, Oliver; Friesike, Sascha (2012): 33 Erfolgsprinzipien der Innovation. München

Gigerenzer, Gerd; Gaissmaier, Wolfgang (2006): Denken und Urteilen unter Unsicherheit: Kognitive Heuristiken. In: Funke, J. (Hrsg.): Enzyklopädie der Psychologie: Vol. C, II, 8. Denken und Problemlösen (pp. 329–374). Göttingen.

Gruber, Stephanie (2012): Kraft-Foods-Chef räumt Regale ein. In: Werben&Verkaufen 33/2012. S. 24

Gutberlet, Martin (2009): Die Auswirkungen neuer Wirtschafts- und Geschäftsmodelle für die Zukunft der ITK Branche. In: Picot, Arnold, Doeblin, Stefan (Hrsg.) (2009): Innovationsführerschaft durch Open Innovation. Berlin

Hamel, Gary (2007): The Future of Management. Boston

Hays, Matthew (2003): A Space Odyssey. In: Montreal Mirrow vom 23.10.2003
http://web.archive.org/web/20080905074007/
http://www.montrealmirror.com/ARCHIVES/2003/102303/film1.html

Koschmieder, Annette (2011): Stoffentwicklung in der Medienbranche. Von der Idee zum Markt. Berlin

Krogerus, Mikael; Tschäppler, Roman (2009): 50 Erfolgsmodelle: Kleines Handbuch für strategische Entscheidungen. Zürich

McKee, Robert (2011): Story: Die Prinzipien des Drehbuchschreibens, Berlin

Mintzberg, Henry (1987): Crafting Strategy. In: Harvard Business Review (1987). Jul-Aug. S. 66-75

Mintzberg, Henry (1994): „The Fall and Rise of Strategic Planning". In: Harvard Business Review (1994). Jan-Feb. S. 107-114

Mintzberg, Henry; Ahlstrand, Bruce; Lampel, John (1998): Strategy Safari: A Guided Tour Through The Wilds of Strategic Management. New York

Müller-Stewens, Günter; Lechner, Christoph (1999): Arbeitspapier 33, IfB Institut für Betriebswirtschaft. St. Gallen
www.alexandria.unisg.ch/export/DL/30555.pdf

o.V. (2011): Apple Design – alles nur geklaut? In:
http://www.stern.de/digital/computer/apple-design-alles-nur-geklaut-1728472.html

o.V. (2012): MyTaxi krempelt die Taxibranche um.
http://www.zeit.de/auto/2012-01/taxi-smartphone

Rötzer, Florian (2007): Science Fiction für das US-Heimatschutzminis-terium
http://www.heise.de/tp/artikel/25/25404/1.html

Scheuss, Ralph (2011): Zukunftsstrategien: Worauf es in der Ära des wilden Wettbewerbs wirklich ankommt. Regensburg

Schmidt, Rainer (2005): Buchrücken-Text. In: Garland, Alex (2005): Der Strand. München

Toffler, Alvin (1984): Future Shock. New York

Tversky, Amos; Kahneman, Daniel (1974): Judgement under Uncertainty: Heuristics and biases. In: Science (1974) New Series, Vol. 185, No. 4157. S. 1124-1131

Vogler, Christopher (2007): The Writers Journey: Mythic Structure for Writers. Studio City, CA.

Westly, Frances; Mintzberg, Henry (1989): Visionary Leadership and Strategic Management. In: Strategic Management Journal, Volume 10, 1989, S. 17-32

Literaturverzeichnis

Zillmann, Rolf (1996): The Psychology of Suspense in Dramatic Exposition. In: Vorderer, Peter; Wulff, Hans J.; Friedrichsen, Mike (Hrsg.) (1996): Suspense Conceptualization. Mahwah, NJ.

Stichwortverzeichnis

Stichwortverzeichnis

Notizen

Notizen

E-Book inklusive: Lesen wo und wann Sie wollen

Ihr Code zum Download des E-Books

T5D-K77-W42

Mit diesem Code können Sie das E-Book (PDF-Format) von unserer Homepage herunterladen:

- Gehen Sie zu **www.walhalla.de/inklusive** oder nutzen Sie den nebenstehenden QR-Code.
- Geben Sie den Code und dann Ihre E-Mail-Adresse ein.
- Der Link zum Download wird Ihnen in einer E-Mail zur Verfügung gestellt.

Wir setzen auf Vertrauen
Das E-Book wird mit dem Download-Datum und Ihrer E-Mail-Adresse in Form eines Wasserzeichens versehen. Weitere Sicherungsmaßnahmen (sog. Digital Rights Management – DRM) erfolgen nicht; Sie können Ihr E-Book deshalb auf mehrere Geräte aufspielen und lesen.

Wir weisen darauf hin, dass Sie dieses E-Book nur für Ihren persönlichen Gebrauch nutzen dürfen. Eine entgeltliche oder unentgeltliche Weitergabe an Dritte ist nicht erlaubt. Auch das Einspeisen des E-Books in ein Netzwerk (z.B. Behörden-, Bibliotheksserver, Unternehmens-Intranet) ist nicht erlaubt.

Sollten Sie an einer Serverlösung interessiert sein, wenden Sie sich bitte an den WALHALLA Kundenservice; wir bieten hierfür attraktive Lösungen an (Tel. 09 41/56 84 210).

Bitte sorgen Sie mit Ihrem Nutzungsverhalten dafür, dass wir auch in Zukunft unsere E-Books DRM-frei anbieten können!